AF314536

SOCIÉTÉ POUR LA DÉFENSE DU COMMERCE ET DE L'INDUSTRIE
DE MARSEILLE
FONDÉE EN 1869

CONGRÈS

DE LA

PRODUCTION COLONIALE

(MARSEILLE, 26-30 Juin 1922)

COMMUNICATIONS

Présentées par la Société pour la Défense du Commerce et de l'Industrie

CONCERNANT :

Les Céréales et les Riz (MM. A. Albouy et M. Duclos-Rauzy).
Les Matières Grasses (M. Émile Régis ; M. Maurice Toy-Riont).
Les Textiles : « Scourtins » (M. Henri Guitton).
Les Cafés (M. L. Jacquemet).
Les Poivres et les Cacaos (M. Camille Dufay).
Les Thés (M. L. Digonnet).
Les Plantes Médicinales (M. R. Columeau).
Les Sucres (M. J. Guérin).
Les Caoutchoucs (M. A. Bonniel).
Les Gommes (M. P. Biscarrat).
Les Laines (M. P. Gros).

MARSEILLE

TYPOGRAPHIE ET LITHOGRAPHIE BARLATIER
17-19, Rue Venture, 17-19

1922

441

SOCIÉTÉ POUR LA DÉFENSE DU COMMERCE ET DE L'INDUSTRIE
DE MARSEILLE

SECTION II. — CEREALES ET PLANTES A FECULE

Communication présentée, au nom de la Société, par Monsieur Alexandre ALBOUY, Membre de la Chambre Syndicale, Président de la Fédération Intersyndicale de la Minoterie, Semoulerie et Biscuits de mer, sur « Les Blés Coloniaux » :

MESSIEURS,

De toutes les colonies françaises et de tous les pays de protectorat français, l'Algérie, la Tunisie et le Maroc sont seuls à fournir des blés à la France.

Il est de toute évidence que les quantités exportées dépendent du plus ou moins d'importance des récoltes, qui varient grandement suivant qu'il y a pluies abondantes ou sécheresse pendant la période des ensemencements, de la levée, du tallage et de l'épiage.

C'est ainsi que les années de sécheresse excessive l'Algérie et la Tunisie ne peuvent rien exporter, mais au contraire sont obligés d'importer des céréales.

Arrivages à Marseille de 1911 à 1916 (en tonnes)

ALGERIE

Années	Tendres	Durs	Total
1911	45.000	87.000	132.000
1912	38.500	45.000	83.500
1913	65.000	28.000	93.000
1914	44.700	53.000	97.700
1915	15.200	41.600	56.600
1916	15.200	39.000	54.200

TUNISIE

Années	Tendres	Durs	Total
1911	9.700	51.000	60.700
1912	5.000	12.500	17.500
1913	2.500	9.000	11.500
1914	640	650	1.320
1915	1.550	7.100	8.650
1916	1.700	1.000	2.700

MAROC

1912	8.891
1913	néant
1914	néant
1915	néant
1916	2.262
1921	8.625

Par suite des interdictions de guerre, l'importation étant réservée au Sous-Secrétariat du Ravitaillement, les arrivages ont cessé de 1916 à 1921 pour reprendre à partir du 1er juillet 1921.

Arrivages à Marseille en 1921 du 1er juillet au 31 décembre

ALGERIE

1921 .... 108.000 (tendres et durs)

TUNISIE

1921 .... 23.400 (tendres et durs)

Les ports français de l'Atlantique et de la Manche, au moment de la soudure reçoivent quelques blés algériens, mais en quantité infime en regard des arrivages à Marseille.

QUALITE. — La nature du sol et le climat de l'Algérie, de la Tunisie et du Maroc favorisent tout particulièrement la culture du blé dur au point que si les semences de blé tendre n'étaient pas renouvelées au bout de fort peu de temps, les blés tendres arriveraient à s'abâtardir pour donner finalement une moisson de blés durs.

Les blés durs sont employés à la fabrication de la semoule, destinée elle-même à la fabrication des pâtes alimentaires.

Les blés tendres destinés à la fabrication de la farine panifiable étaient très recherchés par la minoterie avant guerre en raison de leur qualité de choix. Il y avait une qualité très ordinaire que l'on connaissait sous le nom de blés arabes, contenant souvent beaucoup de pierres, il y avait aussi la qualité dite « Colon » qui valait mieux, mais il y avait surtout la qualité dite « Tuzelle » qui figurait parmi les plus beaux blés du monde. Il faut constater avec regret, que depuis la guerre, les Algériens ont cru devoir sacrifier la qualité de leur blé, à l'abondance du rendement. Au lieu de sélectionner leurs semences comme autrefois, les colons ont ensemencé des blés à gros rendements et, pendant la campagne de 1921, si les Algériens nous ont vendu des blés Tuzelle, nous pouvons dire qu'ils ne nous en ont pas livré ou du moins que les blés Tuzelle livrés n'ont ressemblé en rien aux Tuzelles de jadis qui étaient des blés allongés, fins et glutineux.

Que MM. les Algériens le sachent ; ils font fausse route, parce qu'ils compromettent la réputation de leurs blés. Il faut qu'ils reviennent aux errements anciens qui consistaient à sélectionner les semences et à distinguer à la moisson les diverses qualités si différentes comme ils le faisaient autrefois : blés arabes, blés colons, blés tuzelles. Les consommateurs paieront une prime pour les qualités de choix.

EPURATION. — Il est de toute importance que les semences soient parfaitement épurées de toutes les graines étrangères qu'elles renferment. Il faut aussi que les blés battus soient parfaitement criblés et débarrassés des corps inertes et surtout des graines étrangères moissonnées en même temps qu'eux. C'est là un fait capital.

Je rappellerai, en effet, que pendant la campagne 1921 nous avons reçu d'Algérie des blés qui, à la mouture, ont donné une farine absolument impanifiable tant le goût en était mauvais. Les boulangers ont exigé la reprise de ces farines, que les minotiers ont dû renoncer à faire mélanger même en faible proportion et il en est résulté des pertes très lourdes. Le mauvais goût donné aux farines, provenait d'une petite graine dénommée « Mélilotus Striatus » sorte d'anis sauvage, dont quelques grains suffisent à produire des résultats désastreux, malgré toutes les précautions prises au nettoyage, qui précède la mouture.

Il est donc de la plus haute importance que le « Mélilotus Striatus » disparaisse des blés algériens.

FRETS. — Les céréales d'Algérie, de Tunisie et du Maroc par leur précocité, trouvent, dès la moisson, un écoulement rapide à Marseille, dont la proximité est un facteur essentiellement favorable.

Les exportateurs algériens, tunisiens et marocains, auront tout intérêt à unir leurs efforts pour obtenir que les Compagnies de navigation exigent des frèts plus modérés que les frets actuels. En effet, n'est-il pas anormal qu'il coûte sensiblement plus cher pour transporter d'Oran à Marseille, qu'il ne coûte pour transporter d'Alexandrie à Marseille et réciproquement ?

Il est évident que les frets diminuant, les acheteurs de la métropole pourront payer plus cher le franco bord africain.

Communication présentée, au nom de la Société pour la Défense du Commerce et de l'Industrie, par M. Marcel DUCLOS-BAUZY, Membre de la Chambre Syndicale, sur « les Riz Coloniaux » :

MESSIEURS,

Les demandes du marché français des riz coloniaux s'effectuent d'une part en riz de qualité courante pour l'industrie et l'alimentation du bétail, et d'autre part en riz de choix pour l'alimentation humaine.

Les riz de qualité courante sont fournis presque exclusivement par les provenances d'Indochine dont les prix généralement bas permettent d'exclure la concurrence des riz étrangers.

Par contre, les riz de choix coloniaux sont très durement concurrencés par les riz étrangers du Piémont, des Etats-Unis et d'Espagne dont les belles qualités sont fort appréciées sur notre marché.

Afin de permettre à nos riz coloniaux de pouvoir lutter contre la concurrence des riz étrangers, il y a lieu :

1° De préconiser l'amélioration des qualités ;

2° D'augmenter la production ;

3° De faire maintenir et même renforcer la protection douanière qui leur est déjà accordée.

1° AMELIORATION DES QUALITES. — Cette question difficile, à l'ordre du jour en Indochine depuis de nombreuses années, n'a pas encore trouvé la solution pratique désirable.

Nous ne saurions trop louer à ce sujet les travaux effectués par le Laboratoire de Génétique de Saïgon dont l'éminent directeur, M. Carle, nous a fourni tout dernièrement un résumé des plus intéressants en son opuscule publié à l'occasion de l'Exposition Coloniale de Marseille à titre de complément à la participation du Laboratoire à cette grande manifestation économique.

Il est à souhaiter que l'Administration de la Colonie tant en Indochine qu'à Madagascar contribue au développement des travaux de ce genre par tous les moyens qui sont en son pouvoir.

D'autre part, l'Administration doit aussi faciliter 'de son mieux toutes les initiatives privées tendant à améliorer les qualités de riz soit par la sélection des graines à l'ensemencement, soit par les soins apportés à la culture au moyen des méthodes nouvelles, soit encore à l'amélioration des conditions dans lesquelles se font la récolte du Paddy et son engrangement.

L'amélioration des qualités permettra d'obtenir dans les prix de vente du riz une plus-value très importante ; il est donc indispensable que les cultivateurs indigènes sachent bien que leur rizière sera d'un meilleur rapport si la qualité récoltée est supérieure. Et c'est encore là que l'Administration des Colonies peut agir d'une façon très efficace en renseignant les indigènes dans tous les centres de l'Intérieur.

En Indochine, il y aura lieu de lutter énergiquement contre les acheteurs chinois, intermédiaires entre les cultivateurs et les riziers dont les fâcheuses pratiques consistent à mélanger les diverses qualités de paddy.

2° AUGMENTATION DE LA PRODUCTION. — En Indochine, la mise en valeur des terrains incultes est poursuivie activement par l'Administration, grâce au percement de nombreux canaux, aux travaux d'assèchement des marais ou d'irrigation des terres hautes ; il reste, cependant, beaucoup à faire encore dans cet ordre d'idée.

D'autre part, le rendement à l'hectare en Paddy des Rizières indochinoises est nettement inférieur au rendement obtenu dans les rizières mieux cultivées d'Italie, d'Espagne et d'Egypte.

Il y aurait lieu de faire comprendre aux Indigènes tout l'intérêt qu'ils trouveraient à faire des labourages plus profonds et à enrichir leurs terres au moyen d'engrais chimiques ; procédé dont les essais ont donné les résultats les plus probants.

3° PROTECTION DOUANIERE. — Il serait à désirer — du moins, tant que subsistera le système économique actuel — que la protection de nos riz coloniaux soit maintenue sans restriction et même qu'elle soit renforcée.

Sous cette réserve, il y aurait lieu de demander :

1. Que toute demande d'abaissement des droits d'entrée en France sur les riz étrangers soit formellement repoussée.

Nous signalons à ce sujet qu'au mois de Février dernier une demande de ce genre a été formulée auprès de nos dirigeants par le Gouvernement italien pour ses riz du Piémont. Grâce à l'opposition effectuée par l'unanimité des Importateurs des riz coloniaux et à l'appui du Comité du Commerce et de l'Industrie de l'Indochine, notre Gouvernement n'a pas donné satisfaction à l'Italie.

2. Que le coefficient des droits d'entrée des riz étrangers soit augmenté.

3. Que soit repoussée toute demande d'établissement d'un droit d'entrée sur les riz coloniaux.

Nous croyons, enfin, devoir signaler l'intérêt que pourrait présenter l'autorisation de l'introduction de la farine de riz dans la panification. A ce sujet, nous publions, à titre documentaire, en annexe à la présente note, l'avant-projet de loi établi dernièrement par M. Marcille, avocat conseil de l'Union Coloniale à Paris.

ANNEXE

Proposition de loi relative à l'addition de farines de succédanés à la farine de froment pour la fabrication du pain

I. — La question de l'alimentation en pain est à la base de l'état social et économique du pays. La récolte en blé de 1921 a, certes, contribué par son abondance à faciliter, pour l'année courante agricole, la solution du problème, mais il ne faut pas s'y méprendre, cette solution n'est que temporaire et de graves difficultés sont à prévoir dans un délai rapproché. Il faut, dès maintenant, s'efforcer de les étudier et de les résoudre au mieux des intérêts généraux.

Alors que les emblavures d'automne, en ce qui concerne le froment, étaient évaluées, en 1913, à 6.328.564 hectares, elles n'ont été que de 4.779.370 hectares pour 1921, en y comprenant l'Alsace et la Lorraine et, circonstance particulièrement grave, la comparaison entre les emblavures d'automne, pour les années 1920 et 1921, fait ressortir, en faveur de l'automne 1920, une différence de 113.000 hectares.

La situation des ensemencements, qui s'était améliorée l'année

2

dernière, s'est donc aggravée cette année et il est à craindre que les ensemencements de printemps n'arrivent à combler qu'une bien faible partie du déficit, soit que les cours du blé cessent d'exercer le même attrait sur les cultivateurs, soit que les conditions atmosphériques et l'état des terres suffisent pour y faire obstacle.

Les statistiques démontrent, au surplus, que les blés de printemps n'apportent qu'une contribution médiocre à la production totale de l'année agricole.

En définitive, si la dernière récolte de blé se produit d'après les indications officielles, 87.843.770 quintaux, et si ce chiffre est comparable à la production moyenne des années qui ont précédé la guerre, il faut se garder de tirer de ce fait une conclusion rassurante pour l'année qui vient. C'est le déficit qu'il est prudent de prévoir.

Cette opinion se trouve confirmée par l'étude des statistiques du Ministère de l'Agriculture, desquelles il résulte que pendant la période 1909-1920, la production moyenne annuelle ne s'est élevée qu'à 67.553.220 quintaux, alors que les importations moyennes se sont élevées à 19.623.190 quintaux, contre 523.200 quintaux aux exportations. Les années de guerre n'ont, certes, pas peu contribué à exagérer les quantités de blé que nous avons dû importer pour parer à l'insuffisance de la production nationale ; mais que dire de l'année 1910-1911, où la production ne s'est élevée qu'à 68.845.900 quintaux, avec plus de 24 millions de quintaux à l'importation ; de l'année 1911-1912, où ces chiffres sont de 87 millions à la production et 7 millions 1/2 à l'importation ; de l'année 1912-13, où ils ont été de près de 91 millions à la production et de 12.593.000 quintaux à l'importation ?

En période normale, l'insuffisance de la production nationale est la règle et nous devons importer presque régulièrement de grosses quantités de blé de l'étranger.

Or, depuis la fermeture du marché russe, les pays étrangers qui sont devenus nos principaux fournisseurs sont l'Australie, les Etats-Unis, la République Argentine et le Canada. Pour régler ces achats, il faut se procurer des livres sterlings ou des dollars, c'est-à-dire aggraver notre change dans des proportions considérables. Réduire les achats de blés étrangers, tel est l'objectif qui doit être résolument poursuivi si nous voulons améliorer progressivement la puissance d'achat de la monnaie nationale (1).

____

(1) C'est une préoccupation du même ordre qui a inspiré une proposition de loi tendant à contingenter les importations de céréales panifiables exotiques et à régulariser le cours du blé (N° 3113, session de 1921) sur l'initiative de M. Lesaché. Toutefois, cette proposition n'a pas pour objet de supprimer les importations.

II. — Nous avons la conviction que ce résultat peut être obtenu en combinant l'amélioration de la production du territoire en blé, avec la faculté convenablement réglementée de mélanger à la farine de blé des farines de succédanés pour la fabrication du pain.

Si la production nationale se révèle insuffisante pour des causes qui, bien souvent, échappent à l'action humaine, il n'y a nul inconvénient à recourir au procédé des mélanges de farines, ainsi qu'une expérience récente en a été faite.

Sous l'empire de circonstances critiques, la loi du 8 avril 1917 avait décidé, dans son article 1er, que, pour la fabrication du pain, certaines farines de succédanés pouvaient être mélangées à celles du froment et la proportion de ces mélanges était ainsi fixée :

Seigle, 15 à 30 %.

Maïs, orge, sarrasin, riz, fèves ou fèveroles, 15 %.

Le même article disposait que le Gouvernement était autorisé à rendre, par décret, ce mélange obligatoire et que la proportion indiquée ci-dessus pourrait être également augmentée ou diminuée par décret, selon les besoins du moment.

Cette loi, très simple dans son application, était, on peut le dire, un acte de sagesse et de prévoyance sociale, permettant de parer aux difficultés du présent et de l'avenir, et c'est sans doute pour ce motif qu'aucune durée n'avait été prévue pour en limiter l'application.

Mais ces conceptions législatives, si prudentes, ont cédé au mouvement d'opinion qui tendait, dès l'année 1919, au retour à la situation d'avant-guerre, sans que cette opinion ait été suffisamment éclairée sur les conditions générales de l'Europe et du monde, et la loi du 23 octobre 1919 a eu pour effet de maintenir en vigueur celle du 8 avril 1917 jusqu'au 15 août 1920 seulement. Toutefois, les principales dispositions autorisant notamment les mélanges de farines de succédanés, ont été expressément prorogées par la loi du 9 août 1920 jusqu'au 1er août 1921.

Depuis cette date, par conséquent, il ne reste rien de la loi du 8 avril 1917, et la fabrication du pain est, actuellement, placée uniquement sous l'empire de la législation sur les fraudes, sauf les tolérances concernant l'emploi dans une proportion infime de certaines farines de fèves pour favoriser la fermentation, le pain doit être fait exclusivement avec de la farine de froment.

III. — Le système des mélanges, qui a si largement contribué à éviter la famine pendant la dernière période de la guerre, a fait ses preuves comme efficacité, pour remédier à l'insuffisance de la production nationale et pour réduire, autant que faire se peut, les importations de blé étranger.

Une grande partie de ces succédanés provient de la métropole ; si on les fait entrer dans la fabrication du pain pour une faible proportion, les qualités nutritives de cette nourriture essentielle ne sont nullement diminuées. D'autres, comme le riz, sont produites abondamment dans nos colonies dont quelques-unes, telles que l'Indo-Chine trouveraient, ainsi, un débouché intéressant pour le surplus de leurs récoltes.

Le riz et le blé donnent le même nombre de calories et il est reconnu par l'expérience que la farine de riz peut être mélangée à celle du froment jusqu'à proportion de 6 % sans nuire à la panification.

La seule difficulté est de doser ces mélanges dans des proportions telles et pendant une période de temps suffisante, pour que, d'une part, la totalité de la production nationale de blé soit utilisée pour la consommation du pays et pour que, d'autre part, les achats de blé étranger soient réduits au minimum. L'ensemble du problème est lui-même conditionné par le souci du Gouvernement de ne pas laisser les cours de blé s'effondrer jusqu'à un niveau tel que la culture de cette céréale cesse d'être encouragée et maintenue.

Mais ce sont là des problèmes d'ordre technique que les services du Ministère de l'Agriculture peuvent résoudre au fur et à mesure des événements, ainsi qu'il a été procédé pendant les hostilités, quelquefois tardivement. L'expérience du passé profitera de l'avenir.

Il paraît, seulement nécessaire de laisser à la règlementation de cette matière, une très grande souplesse, en laissant au Gouvernement le soin d'y pourvoir par voie de décrets.

Nous croyons avoir démontré que l'insuffisance de la production nationale en blé est susceptible d'être corrigée par un ensemble de mesures qui sont à la portée des Pouvoirs publics et qui sont de nature à exclure, dans la plus large mesure, les importations de blé étranger, en utilisant plus complètement, les ressources du territoire métropolitain ou des colonies.

En conséquence, nous avons l'honneur de soumettre à vos délibérations la proposition de loi, dont la teneur suit :

Article unique. — A partie de la promulgation de la présente loi, le Gouvernement pourra, si les circonstances l'exigent, par voie de décret rendu sur le rapport du Ministère de l'Agriculture, après avis des Ministres des Finances et des Colonies, autoriser pour une période de temps qui ne devra pas excéder une année l'emploi pour la fabrication du pain, de farines de succédanés.

Les seules farines qui seront ainsi autorisées en mélange avec la farine de froment seront celles de seigle, de maïs, d'orge, de sarrasin, de riz, de fèves ou de féverolles.

Les proportions seront déterminées pour chacune d'elles par le décret.

Signé : A. MARCILLE.

SECTION III. — **MATIERES GRASSES**

---

*Communication présentée, au nom de la Société pour la
Défense du Commerce et de l'Industrie, par M. Emile REGIS,
Membre de la Chambre Syndicale, sur les Corps gras :*

MESSIEURS,

Les corps gras, de par leur diversité, leur abondance sur le
marché français, et la part prise par certaines colonies dans
leur production, méritent une place prépondérante dans un
Congrès de la production coloniale. Aussi, n'est-ce pas sans
quelque appréhension que j'ai accepté la mission de rappor-
teur, qui m'a été confiée par la Société pour la Défense du
Commerce sur un sujet aussi important.

Afin d'éviter des répétitions et aussi afin que le sujet soit
entièrement traité, je me suis mis en rapport avec M. François
de Roux, Président de la Section des Matières Grasses de ce
Congrès, et nous avons divisé la question en deux parties. M.
François de Roux qui, par ses travaux antérieurs, est plus
préparé que moi à cette partie de l'étude, s'est occupé plus
spécialement du sujet colonial. Il a puisé dans les pays de production une documentation très nourrie qui donnera aux
travaux du Congrès la valeur de renseignements nouveaux et
intéressants.

L'étude que j'ai l'honneur de vous présenter est d'un ordre
plus abstrait et a pour objet :

1° L'exportation mondiale d'oléagineux par catégories de
marchandises ;

2° La part prise dans ce mouvement par nos colonies ;

3° L'importation française d'oléagineux par catégories de
marchandises.

A l'occasion de chacun de ces trois chapitres, nous donnerons des statistiques que nous avons relevées pour les années
1913, 1918, 1919, 1920 et 1921. Les premières années de la
guerre présentant des chiffres exceptionnels ont été passées
sous silence.

Nous donnerons enfin, pour terminer, quelques indications
sur le mouvement de notre port et l'industrie marseillaise, en
matière de corps gras.

Avant d'aborder cette étude, nous tenons à préciser que, pour ne pas l'allonger exagérément, nous avons volontairement laissé de côté beaucoup de questions fort intéressantes, mais l'abondance du sujet exigerait un volume pour qu'il soit entièrement traité. Nous avons tenu à ne pas abuser de la patience de nos auditeurs et avons préféré extraire d'un sujet très vaste les parties capitales, plutôt que d'en aborder tous les alentours.

EXPORTATION MONDIALE DES OLEAGINEUX

	1913	1918	1919
	Quintaux	Quintaux	Quintaux
Graines de coton	11.250.000	5.962.000	7.377.121
Graines de lin	24.039.150	6.930.300	12.571.300
Graines de chanvre	302.900	2.745	24.589
Graines de colza	4.864.948	1.226.905	1.786.293
Graines de navette	62.073	4.137	56.181
Graines de moutarde	123.428	33.838	97.247
Graines de pavot ou œillette	782.053	25.411	81.755
Graines de soya	6.393.636	5.348.817	10.022.232
Arachides	7.926.701	3.042.489	5.393.832
Graines de sésame	2.584.705	191.632	2.315.672
Graines de ricin	1.503.741	890.004	333.613
Noix de coco			
Coprah	5.955.899	2.717.026	5.279.885
Amandes de palme	3.601.062	3.305.215	1.604.596
Graines et fruits oléagineux non spécifiés	1.085.095	72.607	63.487
Huile de coton	1.581.004	676.566	1.220.859
Huile de lin	740.987	170.342	1.107.368
Huile de colza	140.093	136.449	77.454
Huile de navette	64.169	32.844	192.121
Huile de pavot ou œillette	6.932	17	42
Huile d'arachides	700.685	422.377	856.682
Huile de maïs	84.644	866	35.346
Huile de sésame	78.410	21.914	60.741
Huile de soya	448.553	1.434.732	1.712.136
Huile de ricin	245.507	172.045	69.691
Huile d'olive	912.914	500.327	1.516.684
Huile de coco	997.726	2.309.976	3.392.644
Huile de palme	2.014.224	1.160.330	717.395
Huiles végétales n. spécif.	403.582	138.179	202.718

La comparaison des divers chiffres ci-dessus montre une *diminution générale dans le mouvement mondial d'exportation d'oléagineux*. Ceci est dû principalement au *développement de l'industrie dans les pays de production* et au fait que l'industrie naissante a contribué à développer dans ces pays de production une large consommation de matières grasses. En effet, l'indigène fabriquait autrefois par des moyens primitifs de faibles quantités d'huile dont la qualité était douteuse, alors que l'industrie installée sur place lui permet de trouver en abondance de bonnes qualités d'huile et à des prix avantageux. Nous citerons plus particulièrement sur ce point les Indes Néerlandaises où au cours des dix dernières années, l'industrie de l'huilerie s'est considérablement développée. Les maisons Hollandaises spécialisées dans la construction du matériel d'huilerie ont pu, au cours des dix dernières années, alimenter leur fabrication en majeure partie par la création d'huileries à Java et à Sumatra. Les timides essais qui ont été faits, sans grand succès, au Sénégal par l'industrie française ne nous permettent pas de nous faire une idée du degré de perfectionnement apporté dans la construction et le matériel des huileries des Indes néerlandaises. Mais ce développement a été peut-être trop hâtif et il faut constater que la situation de certaines de ces affaires est actuellement peu brillante.

La Chine et surtout les Indes, qui produisent aussi des quantités considérables de graines oléagineuses, conservent maintenant aussi pour leur nouvelle industrie locale une partie des graines qui étaient autrefois exportées sur le marché mondial. Les fabricants français constatent depuis un certain nombre d'années combien les offres de sésames des Indes, qui avaient autrefois un marché très abondant sur notre place, se sont raréfiées.

Il est certain que, depuis un temps, le développement des huileries en Angleterre et en Allemagne a contribué à diminuer l'importance des offres de graines des Indes anglaises sur le marché de Marseille, mais on constate aussi que, malgré l'augmentation certaine de la production de graines oléagineuses dans les Indes, il y a néanmoins un ralentissement dans les exportations des Indes, ralentissement qui doit être attribué au développement de l'industrie locale et de la consommation locale.

Nous remarquons aussi *l'extension du marché des soyas*. Les graines de soya, dont l'exportation en 1918 était de 534.800

tonnes atteignent en 1919 un million de tonnes, chiffre très largement dépassé depuis. L'exportation des huiles de soya a suivi la même gradation, passant de 44.800 tonnes en 1918 à 170.000 tonnes en 1919, et il est pénible de constater que l'Industrie française est totalement étrangère à ce marché, en raison surtout du droit de douane de 2 fr. 50, qui frappe ces graines à leur entrée en France. Il y aurait pourtant un intérêt général très grand à ce que l'Industrie française pût prendre sa part comme l'Angleterre au développement du marché des soyas. En effet, l'huilerie française a, au cours de ces dernières années, augmenté d'une façon très sensible le nombre de ses presses. D'autre part, le marché étranger ferme de plus en plus ses portes à l'accès de nos huiles, et il faut envisager aussi que l'huilerie appelée, peut-être bientôt, à moderniser son outillage de presses marseillaises risque de se trouver pourvue d'un matériel très supérieur à son débit. Or, un remède, partiel mais efficace, à ce mal serait la possibilité pour l'huilerie française de s'intéresser aux graines de soya qui, produisant seulement 15 à 17 % d'huile, alimenteraient les usines sans encombrer le marché des huiles.

Par contre, l'agriculture ne pourrait accueillir que d'une façon très favorable l'accès en France d'une graine oléagineuse qui lui donnerait 73 % environ de son produit en excellent tourteau.

Telles sont, sans entrer dans le détail, les considérations principales qui découlent de l'examen du marché général des oléagineux et nous passons maintenant à la seconde partie : Quelle est la part prise par les Colonies françaises dans l'exportation des graines oléagineuses et des huiles ? Nous présentons ci-dessous les tableaux par catégorie de marchandises, par année, et par colonie, des exportations de produits oléagineux de nos colonies.

Exportation des Oléagineux de nos Colonies
(en quintaux métriques)

Arachides :	1913	1919	1920
Afrique du Nord (en coques)........	1.171	190	
Afrique Occidentale (en coques)...	2.420.798	1.735.757	2.388.720
Afrique Occident^{le} (décortiqués)....	39	754.129	475.070
Afrique Orient^{le} (Madag.) (en coques)		1.349	2.924,92
Asie (Indochine) (en coques)........	6.429		
Sésame :			
Afrique Occidentale	8.317	4.831	4.440
Asie (Indochine)	12.463		

	1913	1919	1920
Lin :			
Afrique du Nord	41.090	15.441	9.089
Ricin :			
Afrique Occidentale		4 630	5.360
» Orientale (Madagascar)...		3.740	7.091,89
Asie	1.380		
Graines et fruits oléagineux non spécifiés :			
Afrique du Nord	78	1.049	60
» Occidentale	4		
» Equatoriale	192		
» Orientale	2.085		
Asie	3.826		
Coton :			
Afrique Occidentale	2.799	6.350	3.960
Asie	20		.
Océanie	2.885		
Coprah :			
Afrique Occidentale	2.386	990	1.030
» Orientale		12.355	6.798
Asie	56.453		
Antilles françaises	43		
Noix de coco :			
Afrique Orientale		1,21	89,90
Asie	18.000		
Océanie	1.112.930		
Antilles françaises	106		
Amandes de palme :			
Afrique Occidentale	475.337	1.112.765	491.600
» Equatoriale	5.751		
Huile de ricin :			
Afrique Occidentale		2.432	
Asie (Indochine)	6.100		
Antilles françaises	2		
Huile de palme :			
Afrique Occidentale	153.240	347.609	203.940
» Equatoriale	1.399		
Huile de coco :			
Asie (Indochine)	1.175		
Huile d'olive			
Afrique du Nord	147.070	223.076	5.271 (1)
Asie (Indochine)	1.741		

(1) Interdiction. Signalons qu'en 1921, d'exportation des huiles d'olives de l'Afrique du Nord s'est élevée à 233.184 q. m.

3

Il résulte des chiffres qui précèdent que les colonies qui produisent principalement des graines oléagineuses sont l'Afrique Occidentale pour l'arachide, l'huile de palme et les graines de palmiste, et l'Afrique du Nord pour l'huile d'olive. L'Afrique Occidentale a exporté en 1920 un tonnage approximatif de 420.000 tonnes, dont 17/20 sont constitués par des oléagineux, 2/20 par des bois, et 1/20 par des produits divers.

L'arachide est cultivée particulièrement au Sénégal, pays de 14 millions d'hectares. La Guinée et le Soudan commencent aussi à exporter cette graine, mais la grande colonie productrice restera le Sénégal, tant que de plus grandes facilités d'évacuation de produits ne seront pas données au Soudan pour le développement de sa production d'arachides.

Nous sortirions du cadre de notre rapport en abordant dans le fond l'étude des moyens de développer la production de nos colonies, mais nous ne saurions passer entièrement sous silence cette question car, au cours des travaux présentés à l'occasion de ce Congrès, il faut malheureusement constater que, pour toutes les catégories de matières premières d'importation, il est signalé que nos colonies sont insuffisamment exploitées. Or, parmi les divers moyens préconisés pour développer l'essor de nos colonies, il y a lieu de remarquer, pour ce qui concerne particulièrement le Sénégal, que l'éducation de l'indigène, en vue du perfectionnement des méthodes de culture, et surtout le développement des réseaux ferrés, suffiraient à eux seuls à augmenter considérablement la production des graines d'arachides.

C'est le chemin de fer qui est le seul moyen de pénétration susceptible d'assurer à un prix de revient bon marché la sortie des graines du Sénégal. Les sommes employées au développement du réseau ferré seraient vite et largement compensées par l'exploitation des richesses que nous pouvons tirer de cette belle colonie africaine qui fournit à la Métropole son principal aliment en huile comestible. Quand la première locomotive apparut en Nigéria en 1912, l'exportation des graines d'arachides passa, l'année suivante, de 2.500 tonnes à 20.000 tonnes. On peut juger par ces chiffres de l'intérêt que présenterait l'achèvement du chemin de fer Thies-Kayes sur les 200 kilomètres environ qui séparent les deux tronçons de la ligne. Cette voie ferrée permettrait d'effectuer facilement et en toute saison la récolte du Haut-Sénégal.

Si l'arachide a fait la richesse du Sénégal et peut devenir, pour cette colonie et la région du Soudan, une source de revenus plus importants encore, le palmier à huile remplit ce même rôle pour les colonies du Sud, Dahomey et Côte-d'Ivoire. On le rencontre également en Casamance, en Guinée Française et en Afrique Equatoriale.

On sait que le *palmier à huile* produit un fruit dont la pulpe fournit une huile rouge extraite sur place par les indigènes, par pétrissage après immersion dans l'eau bouillante, et dont le noyau, ou palmiste contient une amande productrice d'huile blanche. La savonnerie et la stéarinerie utilisent surtout *l'huile de palme* après décoloration, tandis que *l'huile de palmiste*, tirée de l'amande, est utilisée par la savonnerie et surtout par les fabricants de beurres végétaux.

Avant la guerre, c'est à Hambourg que fonctionnait le principal marché des palmistes. On peut en juger par les chiffres suivants : l'Europe importait environ 300.000 tonnes de palmistes, sur lesquelles l'Allemagne absorbait de 225 à 250.000 tonnes, le reste se divisant notamment entre l'Angleterre et de France. Depuis la guerre, l'Angleterre a nettement pris la place de l'Allemagne ; en effet, l'Angleterre a importé 36.000 tonnes de palmistes en 1913, 76.000 tonnes en 1914, 237.000 tonnes en 1915, et tire actuellement toutes ses quantités de ses colonies et des anciennes colonies allemandes de l'Afrique Occidentale.

Devant l'effort réalisé par l'étranger, nous devons nous efforcer, nous aussi, de développer les ressources de nos colonies en huile de palme et amandes de palme. Ces efforts sont de deux ordres : le premier dans le domaine technique, a été réalisé par l'importante stéarinerie Fournier de notre place qui a fait breveter une presse dont le fonctionnement est très simple et fort ingénieux, et dont l'introduction dans nos colonies permettrait d'augmenter d'une façon considérable l'exportation des huiles de palme. Si l'indigène se familiarisait avec cette presse, il apprécierait rapidement les avantages d'un travail plus facile et donnant un meilleur rendement. Mais, un autre effort doit être réalisé par l'Administration, et c'est encore et toujours celui du développement de nos réseaux ferrés. Les rapports de la colonie déclarent qu'en forêt et sans entretien les palmiers à huile ne fructifient pas ; que, mal entretenus, ils donnent à peine 1 ou 2 régimes par an, tandis qu'on peut porter leur production annuelle à 10 ou 12 régimes, avec des soins appropriés, dont dépend en outre la grosseur des fruits. Cette mise en exploitation ne peut être utilement réalisée qu'à proximité d'une voie d'évacuation et, sauf que les cours d'eau ne soient utilisables, seule la voie ferrée est susceptible d'augmenter considérablement le rendement de nos colonies.

Enfin, pour parler d'un autre fruit oléagineux dont l'huilerie française consomme de grandes quantités, et est pour cela surtout tributaire de l'étranger, nous devons citer *le coprah*. Notre source d'approvisionnement dans nos colonies est très limitée, environ 18.000 hectares, dont 12.000 en Océanie et 4.000 en Indo-Chine. Et encore, en raison de la rareté des communications avec la Métropole, la plus grande partie de la production de nos colonies d'Océanie est dirigée vers les Etats-Unis. Pourtant, le cocotier existe dans toutes nos colonies et sa culture pourrait être développée au Dahomey, sur la Côte-d'Ivoire, et particulièrement en Cochinchine, où la culture y serait très favorable et où les surfaces disponibles présentent de grandes possibilités d'expansion.

L'Algérie, le Maroc et la Tunisie sont des pays producteurs *d'huile d'olive*. *En Algérie*, l'olive est spécialement cultivée dans la région du littoral et dans quelques régions un peu plus élevées. Des usines sont organisées, notamment dans la grande Kabylie, et la moyenne des quantités exportées par l'Algérie avant la guerre était de 5.600 tonnes ; mais depuis la guerre la consommation d'huile sur place a augmenté ; l'Algérie absorbe maintenant presque toute sa production et importe, en outre de la Métropole, de l'huile d'arachide.

Au Maroc, la culture de l'olivier peut se pratiquer sur toute l'étendue du territoire, à l'exception des hautes altitudes du Grand Atlas, mais toute la production d'huile est utilisée sur place, et le Maroc importe aussi d'assez grandes quantités d'huile.

La Tunisie est donc seule en état d'exporter une partie des huiles qu'elle produit. Des 18.000 tonnes d'huile d'olive importées par la Métropole en 1921, la principale quantité provient de la Tunisie. On compte actuellement en Tunisie 12 millions d'oliviers, dont 7.500.000 en plein rapport, et 3.500.000 de jeunes plants, le reste étant constitué par les oliviers sauvages. D'autre part, un rapport de la Chambre d'Agriculture de Sousse précise que d'ici peu de temps les oliveraies du Sahel prendront un grand développement : 300.000 hectares sont plantés dans cette région, et un million d'hectares pourront être employés à cette culture.

En Algérie, on estime à 320.000 hectares les forêts et broussailles qui pourraient être plantées en oliviers, d'autant plus aisément que la végétation arbustive dominante de ces surfaces est constituée par l'olivier sauvage. On peut juger, d'après ces chiffres, des résultats obtenus dans notre beau domaine de l'Afrique du Nord et du vaste champ de développement qui est ouvert à une culture plus abondante encore de l'olivier.

Parallèlement au développement de la culture, il y a lieu de souhaiter le perfectionnement de l'industrie locale pour la fabrication des huiles d'olive. En 1910, le nombre des moulins s'élevait en Algérie à 4.229, dont 308 moulins européens. On a déjà signalé maintes fois que l'Administration ferait œuvre utile en fournissant à l'indigène l'idée et les moyens de perfectionner son outillage par des installations plus modernes, afin d'éviter les déchets et de tirer de la matière première le maximum de rendement.

Nous en venons maintenant au troisième chapitre :

L'importation française des produits oléagineux.

IMPORTATION FRANÇAISE DES OLEAGINEUX

Nous constatons, d'après les statistiques, que la somme annuelle d'importation de graines oléagineuses dans la métropole est représentée par les chiffres suivants :

1913	1.019.000	tonnes
1918	198.000	»
1919	544.800	»
1920	652.000	»
1921	511.000	»

Dans l'industrie des matières grasses, comme dans toutes autres industries, la fabrication est encore loin d'atteindre les chiffres d'avant-guerre. Outre le marasme général des affaires, situation à laquelle n'échappe pas notre industrie de matières grasses, il faut signaler divers autres facteurs qui concourent au ralentissement de nos industries :

1° Marseille était autrefois le principal centre de fabrication des matières grasses. Actuellement, tous les pays ont organisé et développé d'importantes huileries et savonneries et ont dressé des barrières douanières qui limitent considérablement le rayon de nos exportations. Sauf pour quelques produits de marque, les exportations de l'huilerie française sont presque nulles et son champ d'action est à peu près limité à la Métropole et à l'Algérie ;

2° Depuis la guerre, *l'agriculture a suffisamment pesé sur les décisions du Gouvernement pour arriver à supprimer ou limiter l'exportation des tourteaux*. Cette situation met l'huilerie française en considérable état d'infériorité sur l'étranger. En effet, comme l'Union des Fabricants d'huile l'a fait ressortir en maintes occasions, il existe un marché mondial de graines oléagineuses. Nous ne les achetons ni plus cher ni meilleur marché que nos confrères étrangers, mais nous sommes en état d'infériorité sur nos confrères du Nord de l'Europe qui, habitant des pays plus froids, dont la production agricole est insuffisante par rapport à leur élevage intensif, trouvent sur place un marché de tourteaux alimentaires meilleur qu'en France. C'est ainsi que le cours des tourteaux de rufisque en Angleterre est fréquemment de 15 à 20 francs par cent kilos plus élevé qu'en France, et que ce même cours dans les pays Scandinaves nous permettrait de supporter des frais de manutention et de fret pour expédier et vendre nos propres tourteaux en Suède et en Norvège. Cet état de choses favorable aux pays du Nord leur permet de se porter acquéreurs dans de meilleures conditions que nous dans nos propres colonies. Nous le rappelons plus loin à l'occasion des palmistes, mais nous pouvons citer aussi qu'en 1913, tandis que la France importait du Sénégal 166.000 tonnes de graines d'arachides, les pays du Nord de l'Europe en importaient 64.000 tonnes. L'étranger puisait donc dans nos colonies du Sénégal plus d'un tiers des quantités que nous importions nous-mêmes dans la métropole. Cette situation d'infériorité dans laquelle se trouve la France est encore aggravée par la réglementation du marché des tourteaux que nous subissons en France. Nous n'avons même pas la possibilité de compenser cette différence de prix sur les tourteaux par une élévation du prix de l'huile, car les faibles droits de douane qui frappent les huiles étrangères à leur entrée en France seraient très largement dépassés, si les fabricants d'huile français essayaient de retrouver sur le prix de l'huile l'handicap qu'ils éprouvent dans le placement de leurs tourteaux.

Ne pourrait-on supprimer le droit de douane qui frappe les

graines de soya et, de ce fait, comme nous l'indiquions précédemment, la fabrication des tourteaux en France serait suffisamment augmentée par l'apport sur le marché français d'une graine qui rend 73 % de tourteau. Ce résultat serait susceptible de donner apaisement à la majorité agricole de notre pays, qui oppresse en toute occasion l'industrie et le commerce français ;

3° Nous indiquions précédemment *quelle part réduite ont nos colonies dans l'importation en France des coprahs.* Cette situation serait extrêmement dangereuse pour notre industrie de graisses végétales qui a pris une si remarquable extension, si les Etats-Unis, l'Angleterre et la Hollande réservaient à leurs usines la priorité des matières premières de leurs colonies. Or, cette crainte, qui a été déjà exprimée, était très justement fondée si l'on en juge par la situation des palmistes, graines dont le produit se rapproche beaucoup de celui du coprah. Nous avons fait ressortir dans le chapitre précédent la place prépondérante qu'avait su prendre l'Angleterre sur le marché des palmistes. Grâce à une association d'efforts auxquels nous devons rendre hommage et grâce aussi au concours de professeurs d'agriculture, l'Angleterre a réussi à développer rapidement et considérablement la trituration des graines oléagineuses en développant la vente de l'huile de palmiste dans l'industrie de la savonnerie, en même temps que dans la margarinerie. La margarine qui, en effet, était importée en quantités considérables en Angleterre des pays du Nord de l'Europe, et notamment de la Hollande, se développe maintenant sur une large base en Angleterre et devient une industrie nationale. Jusque là, nous ne pouvons qu'admirer les résultats que l'Angleterre a obtenus dans cette voie et nous efforcer d'en faire autant chez nous. Nous devons, du reste, reconnaître les efforts qui ont été faits en France dans le même but : nous devons rendre hommage à l'Institut Colonial de Marseille pour sa campagne relative au développement de la consommation des tourteaux, et aussi à un certain nombre de professeurs d'agriculture, particulièrement à M. Dechambre, professeur à l'école vétérinaire d'Alfort. Nous avons la satisfaction de voir M. Dechambre présider une section du Congrès de la production, celle relative à l'alimentation des animaux, et nous savons que M. Dechambre a bien voulu accepter de continuer à s'intéresser, d'une façon toute spéciale, à la vulgarisation des tourteaux de graines oléagineuses. Mais, où la

situation devient dangereuse pour le marché français, c'est
quand *l'Angleterre établit un droit d'exportation* sur toutes
les amandes de palmes partant de ses colonies africaines sauf,
bien entendu, pour les quantités importées dans le Royaume-
Uni. Si l'on ajoute à cela que l'industrie anglaise est favorisée
par le prix des tourteaux, qui est plus élevé en Angleterre
qu'en France, et que, par contre, l'industrie française ne peut
même pas exporter librement ses tourteaux, nous en arrivons
à cette conclusion que, non seulement l'Angleterre reçoit la
totalité de ses propres amandes de palme coloniales, mais
encore qu'elle nous enlève la plus grande partie de la production de nos colonies d'Afrique, notamment du Dahomey.
Nous espérons que les Pouvoirs publics sauront obtenir de
l'Angleterre la suppression de cette taxe à l'exportation des
graines de ses colonies, sinon nous serions obligés de réclamer
une mesure de réciprocité.

4° Nous devons en France *moderniser nos méthodes et notre
outillage*. Le Français est, par nature, plutôt commerçant
qu'industriel. Un visiteur étranger, qui connaît l'importance de
Marseille dans le domaine des corps gras, est toujours très défa-
vorablement impressionné lorsqu'il visite nos industries, pour
la plupart mal placées, loin des gares et des quais ; leur outillage est vieux et le laboratoire n'y joue qu'un rôle de troisième
plan.

A l'étranger, où les industries de l'huilerie et de la savonnerie sont moins anciennes qu'à Marseille, les progrès sont
plus rapides et, sans entrer dans des détails de fabrication, il
faut constater en cette matière que nos voisins font de l'industrie d'une façon plus scientifique que nous.

Des questions, même d'intérêt général de l'huilerie, demeu-
rent sans solution. Au début de la guerre, *une convention
passée entre l'Etat et le Consortium des Fabricants d'Huile
avait fixé quel emploi serait fait des réserves que réaliserait
ce Consortium.* Or, depuis trois ans et demi, cette solution, qui
était pourtant arrêtée d'avance, n'est encore pas réalisée. Une
partie de ces fonds devait être attribuée à l'amélioration des
conditions de réception des graines oléagineuses dans les ports
français. Or, ceux qui veulent bien venir sur les quais du port
de Marseille se rendre compte des moyens de débarquement et
de réception des graines d'arachides en coques du Sénégal
peuvent se croire ramenés à une époque très reculée de l'His-
toire. Des essais de méthode plus modernes ont été entrepris par

certains fabricants qui y trouvent un avantage très important, environ 8 francs par tonne, et c'est pourtant encore loin d'être parfait. Une partie des fonds du Consortium trouverait un emploi qui devient absolument indispensable dans l'installation de magasins à proximité des quais, où la graine serait criblée, pesée et livrée en sacs ou en vrac au camionnage.

Toutes ces tentatives pour améliorer et perfectionner nos méthodes peuvent être adoptées sans crainte car, malgré tout, *Marseille conserve encore une grande place sur le marché mondial des corps gras* et une place prépondérante sur le marché français, si l'on en juge par les chiffres suivants :

L'huilerie marseillaise triture le 72 % des graines oléagineuses importées en France. Elle est représentée par 49 usines occupant environ 7.000 ouvriers. Elle triturait avant-guerre 600.000 tonnes de graines. Les chiffres des trois dernières années sont les suivants :

1919	430.000	tonnes
1920	376.000	»
1921	423.000	»

Son chiffre d'affaires a été, en 1922, de 600.000.000 de francs environ. Les capitaux investis dans l'huilerie marseillaise, comprenant la valeur des usines, et les fonds de roulement indispensables, sont de 240 millions environ.

A côté d'elle, l'industrie de la savonnerie à Marseille est représentée par 50 usines, occupant environ 3.000 ouvriers. Elle fabriquait avant-guerre 180.000 tonnes de savon. Le chiffre des trois dernières années est le suivant :

1919 et 1920, environ 122.000 tonnes pour chacune des deux années ;

1922 — 140.000 tonnes, représentant pour 1921 un chiffre d'affaires de 275.000.000 de francs. Le chiffre des capitaux investis dans la savonnerie marseillaise, comprenant la valeur des usines et les fonds de roulement indispensables, peut être évalué à 100 millions environ.

A ces deux industries, nous devons ajouter la stéarinerie, la margarinerie et le nombre très important de petites industries qui vivent de l'huilerie, la savonnerie et la stéarinerie ; sulfuration, traitement des sous-produits, fabrication des scourtins, tissus filtrants, etc...

On peut juger par là de l'intérêt qu'à l'Industrie marseillaise des corps gras à s'unir aux vœux que nous présentons pour

4

le développement de notre production coloniale de graines et fruits oléagineux, car ce sont les fruits de nos colonies que nous sommes certains de pouvoir importer de la façon la plus libre et la plus profitable aux intérêts de notre pays..

Notre production coloniale doit être augmentée dans toute la mesure du possible en graines et fruits oléagineux.

La Métropole doit être à même de recevoir la plus grande partie possible des graines oléagineuses produites par les colonies françaises, et notamment les graines d'arachides et de palmistes de nos possessions de l'Ouest-Africain, à la fois dans l'intérêt de nos colonies, de notre industrie métropolitaine et de l'alimentation du pays en matières grasses et en tourteaux alimentaires, indispensables à la reconstitution de notre cheptel national.

Le développement considérable de l'industrie anglaise, développement puissamment soutenu et protégé par le Gouvernement anglais, exige qu'un effort parallèle soit fait en France afin que, étant donnée notre impossibilité actuelle d'exporter des huiles, nous ne soyons pas envahis sur le marché français par les produits fabriqués à l'étranger.

Nous préconisons dans ce but les cinq vœux suivants :

Premier vœu. — Que, devant l'effort réalisé par les autres pays, notamment par l'Angleterre, en faveur de leur industrie et de leurs colonies, nos Pouvoirs publics observent les nouvelles réglementations et projets douaniers de l'étranger, afin de rétablir autant que possible, dans une situation d'égalité avec l'étranger, notre industrie nationale actuellement menacée ;

Deuxième vœu. — Que la liberté complète soit rendue sans délai au commerce et à l'exportation des tourteaux. La situation actuelle est ruineuse pour l'industrie française de l'huilerie et, par réciprocité, est à l'encontre de l'intérêt de nos producteurs coloniaux qui doivent trouver sur la métropole un facile écoulement de leurs produits.

Troisième vœu. — Que soient développés, dans toute la mesure du possible, les réseaux ferrés de nos colonies, le chemin de fer étant, avec les rivières, le seul moyen d'évacuation à bon marché des produits agricoles de nos colonies.

Quatrième vœu. — Que soit supprimé le droit de douane sur les graines de soya, afin de permettre à la France de prendre sa place sur le marché mondial de cette graine, et afin de donner à l'Agriculture l'aliment d'un excellent tourteau qui représenterait le 73 % environ de la graine importée.

Cinquième vœu. — Que les fonds du consortium de l'huilerie soient employés, dans le plus bref délai possible, conformément aux accords pris avec le Gouvernement à l'occasion de la création dudit consortium, et que Marseille soit dotée, pour le débarquement des graines oléagineuses et particulièrement des arachides en coques du Sénégal, d'une organisation digne du tonnage considérable qu'elle importe, cette mesure pouvant lui permettre, par une diminution notable des frais généraux, d'importer une plus grande quantité de graines oléagineuses de ses colonies.

Communication présentée, au nom de la Société pour la Défense du Commerce et de l'Industrie, par M. Maurice TOY-RIONT, vice-président de la Société, sur le « Saindoux de Madagascar et le Cheptel porcin » :

MESSIEURS,

Nous relevons tout d'abord, ci-dessous, les exportations de Madagascar en valeur et également en poids, toutes les fois que ce dernier renseignement nous est fourni par statistiques, en regrettant de ne pas pouvoir donner la répartition pour le chiffre d'exportation en France et Colonies Françaises et celui à l'Etranger.

Année		Quantités	Valeur
1908 .... env. Kgs	60.000	Fr.	83.417
1909	—		186.377
1910	—		1.161.116
1911	1.107.930		1.232.594
1912	1.112.586		1.351.176
1913	—		2.486.652
1914	—		1.179.815
1915	—		2.115.216
1916	—		2.231.687
1917	—		2.402.472
1918	898.128		2.143.436
1919	1.096.190		3.849.653
1920	1.857.881		9.289.405

Pour l'année 1920, les exportations se répartissent comme suit :

France .... Kil.	1.029.046
Réunion	602.354
Maurice	222.850
Provisions de Bord	3.572
Autres	59

En 1919, les statistiques font également ressortir les exportations de viandes de porc suivantes :

Viande congelée .... Kil.   56.425
Viande salée (jambon, lard) 199.924
Charcuterie fabriquée 10.772

En 1920, on signale en exportation de porcs vivants :

850 sur la Réunion.
9.097 comme provisions de bord.

Le cheptel porcin qui était de 556.578 bêtes a été ramené en 1919 à 421.349 bêtes ; les prix sont montés le 2 septembre 1920 jusqu'à 2 fr. 30 le kilo pour retomber en mai 1922 à 1 fr., 1 fr. 10 le kilo.

La diminution du cheptel a été causée d'une part par l'âpreté au gain des Indigènes qui ont intensifié l'abatage pour bénéficier du cours élevé du saindoux, d'autre part par la taxe sur les porcelets que le Gouvernement général a imposée en janvier 1921 sans s'être entouré de l'avis des organismes compétents, entre autres, les Chambres d'Agriculture de Madagascar.

Cette taxe est de 1 fr. 50 et, d'après les derniers renseignements, il est question que le Gouvernement général qui ne peut annuler le décret original qu'après acceptation du Conseil d'Etat, a l'intention, en présence de la situation très sérieuse actuelle, de rembourser la susdite taxe aux éleveurs sous forme de prime à l'élevage.

Sous le rapport de la qualité, le saindoux de Madagascar est excellent. Mais le manque de propreté des Indigènes fait que de la poussière et même des mouches sont en suspension dans la marchandise, ce qui oblige à un lavage avant le raffinage.

Le mode d'emballage n'est pas uniforme. Les plus fréquents sont la caisse de 2 estagnons d'environ 20 kilogs et la caisse de 24 boîtes de 2 kil. 500.

SECTION IV. — **TEXTILES**

---

*Communication présentée, au nom de la Société pour la Dé-
fense du Commerce et de l'Industrie, par M. Henri GUITTON,
membre de la Chambre Syndicale, sur les « Scourtins » :*

MESSIEURS,

L'importance de l'industrie des corps gras (Huileries, Stéarinerie, Graisses Alimentaires) a, dès longtemps, fait de Marseille le siège d'une fabrication considérable de « scourtins »,
ces sortes de sacs où l'on place les graines et les matières grasses destinées à être pressées.

Ce mot « scourtins » n'a sans doute pas eu encore les hon-
neurs de l'Académie et n'est probablement qu'une forme pro-
vençale de « scouffin » qu'on trouve dans quelques diction-
naires. Certains même, peut-être à cause de son air méridional,
ne l'emploient pas et lui préfèrent le vocable plus français
de « serviette » ; à chacun son goût !

Quoi qu'il en soit, on fabrique beaucoup de scourtins à Marseille et cette branche de l'industrie textile dans notre ville
mérite, croyons-nous, quelques lignes dans l'étude générale
de la production coloniale, nos colonies fournissant une certaine quantité des matières qu'elle emploie.

C'est, du reste, dans notre ville que se trouve le plus grand
établissement de ce genre qui existe en France, la Maison M.
Massias et Cie. D'autres fabriques existent aussi dans la Gi-
ronde et dans le Nord ; et nous connaissons, en outre, une très
importante Société qui fabrique elle-même ses scourtins.

Suivant l'usage auquel ils sont destinés, les scourtins sont
faits de matières premières diverses : cheveux, poils de chèvres, crin de cheval, aloès, laine.

Si nous nous en rapportons aux renseignements que nous
avons pu nous procurer à des sources autorisées, les cheveux
entrent pour la plus grande part dans la fabrication des scourtins. On n'exagérerait sans doute pas en évaluant à un million
de kilos le poids des cheveux employés dans cette industrie, en
France et, sur ce chiffre, environ 80 % viendraient de Chine et
20 % du Tonkin. Une petite quantité vient également d'Italie.

Au point de vue de la production coloniale française, il y aurait donc peut-être lieu d'intensifier ce genre de commerce avec notre colonie d'Indo-Chine.

Les poils de chèvres occupent le second rang comme importance dans la fabrication des scourtins. On en emploie environ 500.000 kilos, dont les 4/5ᵉ de belle qualité, ciselés sur les bêtes vivantes, proviennent particulièrement de la Corse, de l'Algérie et de Constantinople ; le reste, tombé à la chaux et par conséquent de qualité secondaire, est fourni surtout par la Tunisie et le Maroc. Cette dernière catégorie, en réalité, sert moins à la fabrication des scourtins proprement dits, qu'à celle des isolants très appréciés pour les tuyaux de vapeur.

Comme on vient de le voir, nos colonies ou pays de protectorats suffisent à peu près exclusivement à nous fournir ce genre de matières premières.

On emploie aussi, en mélange, du crin de cheval qui provient de la République Argentine. Mais l'utilisation de ce crin tend de plus en plus à disparaître, à cause des accidents dont il est quelquefois l'occasion, sa rigidité provoquant des piqûres douloureuses et non sans danger au moment de l'enlèvement du tourteau resté dans le scourtin après la pression.

La fibre d'aloès est également employée comme trame dans la fabrication des scourtins, particulièrement des scourtins destinés à la pression des graines dont les tourteaux servent à l'alimentation du bétail. L'utilisation de la fibre d'aloès évite l'entraînement dans les tourteaux des cheveux et des poils qui peuvent être préjudiciables à la santé des animaux.

La seule maison Massias à Marseille, emploie annuellement 300 tonnes de fibres d'aloès qu'elle tire de la Réunion et de l'Ile Maurice. La première provenance fournit des fibres d'une qualité supérieure à celle de la seconde.

Enfin, pour certains usages plus délicats, par exemple la fabrication des beurres, des graisses alimentaires, on utilise des scourtins de laine pour le tissage desquels on emploie des laines peignées d'Angleterre et du Nord de la France. Les quantités employées s'élèvent à une cinquantaine de mille kilos.

Si nous récapitulons les divers chiffres, énoncés dans les quelques lignes qui précèdent, nous trouvons que la totalité des matières textiles employées en France à la fabrication des scourtins doit être évaluée à environ 2 millions de kilos, dont 1 million de kilos de cheveux. Il n'entre pas dans notre rôle de rechercher combien cela peut faire de têtes rasées ou simplement soulagées. Nous savons du moins que notre colonie d'Indochine entre dans ce chiffre pour environ 20 % et, par conséquent, au cours actuel des cheveux pour près de 2 millions de francs.

Les poils de chèvres viennent surtout de Corse, d'Algérie, de Tunisie et du Maroc ; l'aloès nous est fourni particulièrement par la Réunion.

La production coloniale française participe donc largement à l'industrie de la fabrication des scourtins et il était juste de le signaler dans un rapport établi à propos de l'Exposition Coloniale de Marseille.

On dit bien que cette industrie est menacée par la mise en œuvre prochaine de plaques spéciales de presses qui supprimeraient le scourtin. Tous les perfectionnements sont désirables et nous faisons des vœux pour que les justes espoirs entrevus se réalisent ; mais une pareille nouvelle a couru déjà bien des fois et le scourtin est encore là, continuant son œuvre utile !

SECTION V. — PLANTES STIMULANTES, MEDICINALES ET A PARFUM

Communication présentée, au nom de la Société pour la Défense du Commerce et de l'Industrie, par M. Louis JACQUEMET, ancien membre de la Chambre Syndicale, Président honoraire du Syndicat des Négociants en Cafés et Denrées Coloniales de Marseille, sur « les Cafés coloniaux » :

MESSIEURS,

Le commerce des cafés de Marseille, par l'organe de son Syndicat sur l'invitation qui lui en a été faite par la Société pour la Défense du Commerce, croit intéresser les Planteurs coloniaux en leur faisant connaître son opinion sur les cafés produits par les colonies.

Nous pensons que nos indications pourront les aider à améliorer leur production et contribuer à la prospérité de leurs opérations commerciales. Le privilège important dont le café colonial bénéficie sur les droits de douane, doit développer cette prcduction. Il faut que ce développement marche de pair avec l'amélioration du produit.

Nous insisterons en premier lieu sur la qualité. Il faut produire autant que possible du *bon café*.

Pour cela il nous paraît indispensable. que les planteurs s'attachent à planter de préférence le café *Arabica*, le seul véritable café, digne du nom de café.

C'était, pour ainsi dire, le seul café connu il y a 5 à 10 ans, lorsque les cafés dits « Robusta » et les « Libéria » ont fait leur apparition.

Beaucoup plus rustiques que les autres, ils donnent un produit qui n'a aucun rapport avec le produit de l'Arabica. Ils ont pris un développement considérable, dans les plantations de java, lorsque les plantations d'Arabica ont été dévastées par « l'Hemileia Vastatrix ».

Ces cafés peuvent être intéressants pour les planteurs, dans les terrains où seules ces qualités réussissent. Mais toutes les fois que les cafés Arabica peuvent être plantés, il faut chercher à les produire.

5

En effet, les cafés dits « Robusta » et les « Libéria », sont non seulement inférieurs, mais leur qualité n'est pas régulière.

Elle est souvent *très défectueuse*. Une mauvaise préparation nuit à la qualité de tous les cafés. Mais la préparation des sortes secondaires exige des soins très attentifs pour éviter des mécomptes.

Passons en revue, sommairement, les cafés qui nous sont envoyés par les Colonies.

CAFE GUADELOUPE-MARTINIQUE-BOURBON. — Nos vieilles Colonies produisent du café excellent, recherché par tous les gourmets.

Cependant, nous avons reçu quelques envois de café « Libéria » de la Guadeloupe ». Nous ne savons pas quel a été le résultat financier de pareils essais. Nous pouvons affirmer cependant que ce n'est pas ainsi que l'on grandira ni même que l'on maintiendra la réputation de cette provenance.

Nous désirons, si possible, le développement des plantations du bon caféier « Arabica », qui a donné au café de ces colonies la renommée dont jouit leur excellent produit.

Nous recommandons le soin dans la préparation pour maintenir cette réputation. Quelques lots « Guadeloupe » sont arrivés l'année dernière avec des grains défectueux.

NOUVELLE-CALEDONIE. — Le café « Arabica », de cette provenance, acquiert une bonne réputation. Les soins avec lesquels il a été préparé ont sans cesse amélioré la qualité qui, au début, laissait quelquefois à désirer. La perfection couronnera les efforts qui ont été faits et seront encore faits pour obtenir cette amélioration.

La Nouvelle-Calédonie produit aussi des sortes « Robusta ». La préparation en est soignée. Cependant, il faut bien affirmer qu'il ne saurait y avoir de comparaison entre la qualité des deux produits.

Les « Arabica » seront toujours bien meilleurs et d'une vente beaucoup plus facile.

CAFE DES NOUVELLES-HEBRIDES. — Ces cafés ressemblent aux cafés de la Nouvelle-Calédonie, mais ils sont moins bien préparés et moins soignés. Nous regrettons de constater que ces cafés, qui étaient d'une bonne vente, ont momentanément abandonné notre port.

CAFE DE L'INDOCHINE FRANÇAISE — C'est la région du Tonkin qui paraît être la plus favorable à la culture du café. L'on reçoit de cette provenance du café soigneusement préparé, qui paraît être en voie d'amélioration grâce aux soins des planteurs.

De très grands progrès et de très grands développements restent à faire pour cette culture dans l'Indochine Française.

Nous avons eu l'occasion de voir des cafés récoltés sur le plateau de Lang-Bian (Sud Annam). Ces cafés « Arabica » sont parfaitement soignés et d'une qualité satisfaisante, et donnent une idée de ce que l'on peut attendre de notre grande colonie d'Asie.

CAFE MADAGASCAR. — La culture du café paraît se développer à Madagascar. Il y a encore des progrès à faire pour la qualité. Nous recevons des cafés « Arabica » qui sont les meilleurs de cette provenance.

Nous devons dire que la préparation de ces cafés n'est généralement pas suffisamment soignée. La couleur en est fréquemment grisâtre ; les fèves souvent aplaties et même cassées. Il est probable que les décortiqueurs employés traitent le café avec trop de brutalité, et c'est là un inconvénient qu'il conviendrait d'éviter.

Madagascar nous envoie aussi des cafés dits « Koïlou » qui appartiennent à l'espèce que nous dénommons généralement « Robusta ».

Ces cafés, bien inférieurs aux « Arabica », sont plus ou moins bien préparés, suivant les plantations d'où ils proviennent.

Certains lots sont de goût très défectueux. Il faut y veiller.

Enfin Madagascar nous envoie des « Libéria ». La préparation de certains lots en a été insuffisante, au point que cette sorte, toujours défectueuse, était presque impropre à la consommation et tout à fait refusée par le Commerce.

Nous constatons avec plaisir que les lots qui arrivent maintenant sont mieux préparés et sont acceptés, à la condition que le prix en soit très réduit.

CAFE DE LA COTE OCCIDENTALE D'AFRIQUE. — L'on paraît être encore à la période des essais pour les cafés de cette provenance. Nous devons en attendre surtout des cafés « Robusta » (« Koïlou », etc.) et des « Liberia », c'est dire que la préparation en devra être particulièrement soignée, si l'on veut obtenir des qualités vendables au commerce.

EMBALLAGE, CONDITIONNEMENT DES SACS. — Nous attirons l'attention des planteurs sur l'utilité qu'il y a, pour faciliter la vente de leurs produits, à soigner l'emballage.

Deux choses sont à envisager dans l'emballage :

La nature de l'emballage et le poids des colis.

C'est le sac en jute qui est adopté, d'une façon pour ainsi dire générale, pour emballer le café, et doit donc être préféré à l'emballage en couffes qui est adopté par certaines colonies.

La couffe a des inconvénients. Lorsqu'elle est déchirée, la marchandise s'échappe en grande quantité, et elle est très difficile à remettre en état.

Les avaries, s'il s'en produit en cours de route, sont difficiles à constater et à réparer. Enfin, nos acheteurs se plaignent de ne pouvoir utiliser les emballages usagés.

Il est très utile que le poids des colis soit *uniformisé*.

Tous les pays producteurs de café expédient des colis qui sont embarqués au même poids et c'est une nécessité parce que cela permet, à l'arrivée, de constater et faire constater par les Compagnies de navigation les déchets produits en cours de route et l'importance de ces déchets sur chaque sac.

Cela permet, en achetant une quantité déterminée de sacs, de savoir le poids que l'on achète, et, réciproquement, la clientèle qui achète un ou plusieurs sacs tient à connaître le poids de café qu'elle achète.

Le poids des colis doit être régulier. Il doit être de 60 kilos au moins. C'est le poids adopté par la plus grande partie des pays producteurs de café, notamment le Brésil. C'est le poids habituel d'un sac de café.

Les petits colis de 30 kilos expédiés par certaines colonies ont le grave inconvénient d'être très onéreux pour le paiement de droits de statistiques, qui s'acquittent par colis.

Aucune provenance n'a de colis qui dépasse 80 kilos.

Les sacs au-dessus de ce poids sont d'un maniement difficile. Il ne faut pas les expédier.

Il convient, dans chaque région, d'adopter, autant que possible, un emballage d'un poids déterminé et régulier, entre 60 et 80 kilos et préférer les sacs de jute aux autres emballages.

CONCLUSION. — Nous terminerons en formant le vœu de voir la production des cafés coloniaux prendre une extension toujours plus grande.

Nous désirons aussi que ces cafés prennent de plus en plus le chemin de notre port.

Si Marseille n'est pas le plus grand marché de France pour le café, il faut cependant que nos amis sachent qu'ils trouveront chez nous, des maisons de premier ordre et des courtiers et représentants qualifiés pour déboucher leurs marchandises dans d'excellentes conditions. Il faut qu'ils sachent que la Société pour la Défense du Commerce, l'Institut Colonial, le Syndicat des Négociants en Café et autres denrées coloniales de Marseille seront à leur disposition pour leur donner, à ce sujet, tous les renseignements et les adresses qu'il désireront.

Dès maintenant, ces organisations et notre Syndicat, en particulier, se feront un agréable devoir de fournir, à tous ceux que cela pourra intéresser, les renseignements qui pourraient compléter les indications de cette notice.

Nous étudierons avec plaisir avec eux, au point de vue commercial, les cafés qui pourront être présentés à l'Exposition Coloniale.

Notre désir est d'entrer tout de suite en collaboration avec eux et nous continuerons cette collaboration aussi longtemps qu'elle pourra servir nos intérêts réciproques.

Communication présentée, au nom de la Société pour la Défense du Commerce et de l'Industrie, par M. Camille DUFAY, Vice-Président, sur « les Poivres Coloniaux » :

MESSIEURS,

Le poivre est peut-être le seul des produits coloniaux que la France puisse trouver dans son domaine d'outre-mer en quantité suffisante pour faire face aux besoins de sa consommation évaluée à 3.000 tonnes pas an.

Grâce aux encouragements donnés par le gouvernement métropolitain sous forme de privilège avec détaxe et grâce à l'initiative intelligente et au labeur incessant des planteurs, nos possessions d'Indochine (Cochinchine et Cambodge) sont arrivées à intensifier leur production qui dépassait largement avant la guerre ces 3.000 tonnes consommées annuellement par la France, si bien que le Gouvernement dût recourir à une limitation des quantités à admettre au bénéfice du privilège colonial pour ne pas faire perdre sa valeur à ce certificat de détaxe.

Le surplus devait donc être écoulé sur les marchés étrangers, d'où nécessité absolue pour nos colonies d'offrir des poivres d'excellente qualité pouvant concurrencer les produits des colonies anglaises unanimement appréciés.

Nous devons reconnaître que nos planteurs ont compris cette nécessité et grâce à l'amélioration constante des procédés de culture dans les poivrières et au perfectionnement du criblage et du conditionnement des emballages, ils sont arrivés à exporter un produit qui est maintenant apprécié sur le marché mondial. Le trop plein de la récolte s'écoule à bon prix tant en Europe qu'aux Etats-Unis, grâce, il faut le dire, à l'intervention des correspondants en France des maisons d'Indochine, qui ont fait connaître le poivre Saïgon sur ces marchés étrangers par leur travail tenace et leur parfaite connaissance de ces marchés. Ces correspondants métropolitains croient donc utile d'insister encore sur l'intérêt qu'ont les planteurs à offrir un poivre de bonne ressortie et de forte densité.

En effet, il faut que les poivres pèsent 475 grs. au litre non tassé pour être livrés sans réfaction au marché réglementé du Havre, et qu'ils atteignent au moins 450 grammes pour être réputés de qualité loyale et marchande pour les affaires sur marchés libres.

Donc, nécessité pour les exportateurs indochinois de s'attacher à ne jamais livrer des poivres de densité inférieure. Il est, du reste, plus avantageux pour eux de procéder à un criblage donnant deux classements : poivres lourds et poivres légers qui se déboucheront facilement et à un prix moyen, en définitive plus élevé que celui qu'obtiendrait un classement unique de poivre demi-léger.

Communication présentée, au nom de la Société pour la Défense du Commerce et de l'Industrie, par M. Camille DUFAY, Vice-Président, sur les « Cacaos coloniaux » :

MESSIEURS,

Si nous consultons les statistiques douanières, nous voyons que les colonies ne fournissent que 7 % environ des quantités de cacaos que la Métropole est obligée d'importer.

Il est profondément regrettable, surtout depuis la dévalorisation du franc, de payer un si lourd tribut à l'étranger (achat de marchandise et fret) alors que la culture du cacaoyer réussit à merveille dans un grand nombre de nos colonies.

La Guadeloupe, la Martinique et Madagascar ne rendent pas ce qu'elles pourraient, mais, même intensifiée, leur production ne sera jamais bien élevée.

Quant à nos possessions de la Côte Occidentale d'Afrique, elles ont compris l'intérêt que présente le cacao ; nous enregistrons avec satisfaction l'accroissement et l'amélioration de la production de la Côte d'Ivoire.

Les anciennes colonies allemandes du Togo et du Cameroun, dont la France a pris possession, ont des plantations en plein rendement, mais la qualité du cacao exporté laisse fort à désirer ; il y a beaucoup à faire de ce côté.

Enfin le Dahomey est hésitant.

Au nom des négociants et des fabricants de la Métropole, nous demandons :

1° Que la culture du cacaoyer dans nos colonies soit encouragée par tous les moyens, à savoir : *a)* maintien du privilège colonial actuel (détaxe complète pour les cacaos de la Guadeloupe, de la Martinique et de Madagascar), demi-détaxe pour ceux de la Côte d'Ivoire et du Dahomey, attribution de cette demi-détaxe aux cacaos du Cameroun et du Togo).

b) Primes accordées aux planteurs par le Gouvernement des Colonies .

2° Qu'en retour de ces avantages présents ou futurs, les colons s'attachent à produire beaucoup et à livrer des cacaos de bonne qualité ; qu'ils s'inspirent de l'exemple que leur offre la colonie anglaise de la Côte de l'Or qui, en quelques années, a atteint ce double but ; les cacaos « Accra » sont maintenant universellement appréciés et ils constituent une des provenances les plus importantes offertes sur le marché mondial à tel point que le Brésil s'en est montré ému par suite de la concurrence victorieuse que le cacao « Gold Coast » fait au cacao « Bahia ».

Notre grand domaine africain devrait pouvoir, si des mesures immédiates étaient prises, être à même de fournir, d'ici quelques années, au moins le tiers des cacaos que la France est actuellement obligée d'acheter à l'Etranger pour alimenter son industrie chocolatière qui a pris, depuis la guerre, un grand développement par suite de la disparition de la concurrence allemande et surtout de la concurrence suisse.

La Métropole et les Colonies peuvent donc s'entr'aider utilement ; l'une en accordant des avantages douaniers aux cacaos des colonies ; celles-ci en portant tous leurs efforts au développement de cette culture, la Côte Orientale d'Afrique fournissant ce cacao « bonne qualité moyenne » formant la base de la fabrication du chocolat, Madagascar, la Guadeloupe et la Martinique apportant ce cacao de choix recherché par la chocolaterie fine.

Communication présentée, au nom de la Société pour la Défense du Commerce et de l'Industrie, par M. L. DIGONNET, membre de la Société, sur les thés :

MESSIEURS,

Divers essais de plantation du théier ont été faits dans nos colonies, mais l'Indochine seulement (Annam et Tonkin) a donné des résultats satisfaisants.

L'arbre à thé n'était pas cultivé, autrefois, en Indo-Chine ; il poussait à l'état sauvage ; les feuilles cueillies par les indigènes pour leur propre consommation, et employées sans autre préparation que le séchage, donnaient une infusion sans grande saveur.

Les essais de culture de l'arbre à thé et la préparation des feuilles, à la chinoise, remontent à 1890. Ils furent assez heureux et c'est en 1892 que les thés de l'Indo-Chine firent leur apparition en France. Les premiers envois se limitèrent à quelques centaines de kilos ; le feuillage était alors grossier et l'infusion peu agréable.

Des améliorations appréciables ont été réalisées depuis ; les feuilles sont mieux roulées et l'âcreté du goût est très atténuée.

Aussi les exportations de l'Indo-Chine en France ont-elles augmenté sensiblement chaque année. Elles atteignaient :

En 1900	125.000 kilos environ	
En 1906	300.000	»
En 1912	500.000	»

Ce dernier chiffre a été dépassé pendant les années de guerre, pour répondre aux besoins considérables des armées. Depuis la guerre, la liquidation des stocks du Ravitaillement venant peser sur le marché, les exportations de l'Indo-Chine ont subi un temps d'arrêt et il faudra encore une bonne année pour que les transactions reprennent leur cours normal. Les exportations continueront alors leur marche ascendante, si toutefois les producteurs apportent tous leurs soins au choix et à la préparation des feuilles.

Les thés de l'Indochine pourraient se faire en France un débouché encore beaucoup plus important. D'une façon générale, en effet, la consommation du thé va chez nous toujours en augmentant ; elle atteint aujourd'hui 2.500.000 kilos environ. Or, les thés de notre colonie d'Extrême-Orient n'entrent que pour une proportion de 20 % dans cette quantité.

C'est, qu'en effet, la valeur de ces produits n'est jusqu'à ce jour que moyenne. Leur succès est dû surtout au régime de faveur dont ils jouissent à l'entrée en France ; ils sont exempts de droits de douane et leur prix de revient est de ce fait toujours inférieur aux prix des thés ordinaires de la Chine et des Indes. En dehors de cela, sauf une richesse exceptionnelle en théïne (ils en contiennent environ 4 %, alors que les thés de Ceylan et des Indes n'arrivent qu'à 3 % et ceux de Chine à 2 %), nous devons constater avec regret qu'ils sont dépourvus de toute finesse de goût et d'arôme. Nous l'attribuons à la nature du sol et à l'influence du climat et pensons donc qu'il sera impossible d'atteindre à la qualité des grands thés de Hankow et de Darjeeling, ni même aux qualités fines de Foochow, de Calcutta et de Colombo.

Les fervents du « Five o'clock Tea », qui sont devenus de véritables connaisseurs, auront toujours une préférence marquée pour ces thés fins. La consommation du thé de l'Indo-Chine devra donc se limiter au gros public, moins connaisseur, qui recherche seulement dans l'infusion du thé, une boisson chaude, stimulante et hygiénique. Mais même le peuple commence à mieux apprécier les qualités de thés ; il veut de moins en moins les feuillages grossiers et d'ici quelques années n'en voudra plus du tout. Il est donc indispensable que les producteurs s'orientent franchement vers une amélioration des qualités.

De cette façon, toute la production du Tonkin et de l'Annam qui est assez considérable et peut encore se développer, pourra trouver un débouché dans la consommation en France, et aussi dans celle de nos colonies et de l'étranger. Ce double but serait atteint par les mêmes moyens.

Comment arriver à cette amélioration ?

Jusqu'à ce jour, les planteurs n'ont pas choisi suffisamment le moment opportun pour la cueillette. Toutes les feuilles, grosses et petites, sont ramassées en tas, puis séparées après la préparation, au moyen de triages et tamisages en cinq classements : fines feuilles, moyennes feuilles, grosses feuilles, pousses et criblures, vannage.

Cette dernière partie, composée de débris de feuilles plates, légères, sans aucun rendement à l'infusion, est sans valeur marchande et n'est généralement pas exportée.

La pousse trouve un écoulement facile dans l'Afrique du Nord.

Les fines feuilles trouvent un débouché à l'étranger, mais surtout en France. Quant aux moyennes et grosses feuilles, elles sont uniquement écoulées en France. Mais comme nous le disions plus haut, ces qualités sont de moins en moins appréciées même dans le gros public, et l'on rencontre de véritables difficultés dans le placement des grosses feuilles principalement.

Plutôt que de changer leurs méthodes, les producteurs en Indo-Chine, devant les difficultés qu'ils éprouvent à écouler ces thés à trop gros feuillages, imposent souvent aux importa teurs de la métropole l'achat en bloc des divers feuillages · on demande pour les fines feuilles seules un prix hors de proportion avec les cours des autres provenances. D'une façon comme de l'autre, cela paralyse les affaires et détourne souvent les gros acheteurs.

Il ne peut y avoir à ce défaut qu'un remède : suppression des grosses feuilles et amélioration de la qualité.

Pour supprimer les grosses feuilles, il suffirait de cueillir les feuilles avant qu'elles soient trop développées. Si toutefois il y avait là des difficultés que nous ne voyons pas, il serait facile aux producteurs de réduire les grosses feuilles, par le coupage mécanique, aux proportions des petites feuilles, afin de leur en donner tout au moins l'apparence, à défaut de la qualité. Nous avons vu certains producteurs utiliser exceptionnellement les grosses feuilles dans ces conditions ; il suffirait donc de généraliser ce procédé.

Pour l'amélioration des qualités, les producteurs doivent exiger dés indigènes, des soins particuliers dans la culture de l'arbre à thé et la cueillette des feuilles. L'arbre ne doit guère dépasser 1 m. 50 environ ; il est facile de le maintenir à cette hauteur par la taille. La cueillette doit être faite alors que les feuilles sont jeunes, petites. Elles donnent ainsi une qualité supérieure et ont une apparence qui répond mieux aux préférences des consommateurs aussi bien Français qu'étrangers. Enfin les thés d'Indo-Chine commencent à être préparés mécaniquement et il faut louer les producteurs d'être entrés dans cette voie, employée plus particulièrement à Ceylan et qui donne les meilleurs résultats.

Voilà à notre avis quelles seraient les conditions du développement de la consommation des thés indochinois en France comme à l'étranger.

Ceci ne concerne que les thés noirs bien entendu. Mais nous pensons que les thés verts pourraient être préparés en Indo-Chine avec au moins autant de succès.

Il y a quelque dix ans, chargé d'établir un rapport sur le même sujet, nous étions d'avis qu'une partie de la production devrait être employée à la préparation des thés verts, qui auraient trouvé un très gros débouché dans la clientèle arabe de l'Algérie, de la Tunisie et du Maroc. Des essais satisfaisants avaient déjà été faits dans ce sens et l'on pouvait espérer alors qu'ils seraient poursuivis avec succès. Mais depuis, la préparation des thés verts a été complètement abandonnée. Nous croyons que les producteurs auraient intérêt à revenir à cette suggestion.

En résumé avec des soins particuliers dans la culture, la cueillette et la préparation, les thés indochinois, pour les qualités courantes tout au moins, deviendraient en France sans concurrence possible, grâce au privilège de l'exonération des droits de douane.

Pour permettre la consommation de ces thés à l'étranger, il faut que les producteurs arrivent, en outre d'une amélioration de feuillage, à un rendement suffisant qui leur permette de lutter comme prix, à armes égales, avec les thés de la Chine, des Indes et de Ceylan.

L'exportation des thés pourrait devenir, ainsi, pour notre colonie d'Extrême-Orient, une source d'activité encore plus importante qu'elle n'a été jusqu'ici ; néanmoins nous pouvons nous réjouir de constater que cette exportation marque une augmentation régulière d'année en année.

Communication présentée, au nom de la Société pour la Défense du Commerce et de l'Industrie, par M. R. COLU-MEAU, membre de la Société, sur les « Plantes médicinales ».

MESSIEURS,

Le temps relativement court dont j'ai disposé ne m'a pas permis, de réunir toute la documentation dont j'aurais voulu pouvoir illustrer les quelques idées qui vont suivre. De plus, il reste peu de choses à dire à côté des rapports substantiels de M. le Professeur Perrot, de MM. Ripert, Blake et de Belzunce. Je n'aurai donc nulle peine à me soumettre au vœu de notre Président, qui a souhaité n'entendre ici que des communications aussi brève que possible.

Il ne m'appartenait pas d'envisager la question en technicien. J'ai donc essayé de la traiter seulement en commerçant et en commerçant marseillais, dont les idées et les opinions peuvent différer sur quelques points de celles des commerçants parisiens, par exemple. (Ceci dit sans aucune espèce d'amertume provinciale).

Revenant à la question principale, il m'a paru intéressant, dans un congrès comme le nôtre, de rechercher surtout quelles plantes ou parties de plantes nous pourrions demander à nos colonies au lieu de les achéter à l'étranger, soit pour notre consommation, soit pour la réexportation. Je ne ferai pas le départ, dans cette revue rapide, entre les plantes spontanées et les plantes cultivées ou cultivables. J'aurai lieu d'être satisfait, si j'arrive à provoquer, entre commerçants et producteurs, quelques relations immédiates ou futures d'où puissent résulter une diminution de notre achat à l'étranger, un développement de notre production coloniale, en un mot un accroissement de la richesse française, ce qui est le but suprême de nos efforts.

Pour atteindre ce but, nous savons tous qu'il est nécessaire, au premier chef, d'attirer l'attention de nos colons sur l'intérêt que présentent pour eux la culture où la récolte des espèces médicinales, sur l'importance d'introduire dans leur territoire des plantes exploitées ailleurs et qui pourraient devenir, chez eux, une source de richesse. Il faut donc, en d'autres termes, les instruire de nos besoins et les guider dans le choix des cultures ou des récoltes possibles, qu'il s'agisse soit de végétaux existant déjà chez eux ou dans d'autres pays de mêmes conditions climatériques, soit de plantes européennes qui auraient chance de prospérer sur leur sol.

Au risque de rendre trop sec ce rapide exposé, je dois presque me borner à l'énumération d'un certain nombre d'espèces dont l'entrée ou la sortie est particulièrement active par notre port et qu'il y aurait avantage à trouver chez nous, c'est-à-dire dans nos colonies. Je citerai au hasard : la *graine d'anis*, dont la consommation. malgré la suppression de *l'absinthe*, demeure considérable et dont nos voisins, Espagnols et Balkaniques, exportent un tonnage imposant. Parmi nos possessions, la Tunisie seule nous envoie de temps à autre de petits lots de cette graine, mais il reste à apprendre aux exportateurs, sinon aux colons, qu'il y a intérêt à livrer une marchandise propre comme celle d'Espagne avec une teneur en corps étrangers de 2 à 3 % au maximum. Le Maroc et l'Algérie, aux portes de l'Espagne, devraient nous donner la graine d'anis en aussi belle qualité.

Citons encore la *graine de fenouil* qui s'accommode assez facilement des mêmes terroirs et qui pourrait aussi fournir un apport intéressant à la production coloniale en évitant la sortie de notre or.

Il semble que la quantité de *Cumin* et de *Carvi* exportée par nos colonies africaines soit inférieure à celle qu'exigeraient les besoins du marché mondial puisque nous arrivons à la nouvelle récolte avec des stocks presque épuisés sinon complètement. Il faudrait aussi chercher pour ces deux graines, si les variétés dites de Hollande ne pourraient être obtenues dans nos colonies.

La *racine de réglisse* n'est pas un de nos articles coloniaux. Pourtant, l'arbuste qui le produit est vivace et réussit aisément dans tous les climats humides et chauds. Nous savons tous que quelques essais faits en Provence ont donné des résultats pleinement satisfaisants.

La *Badiane*, dont la Chine a presque le monopole, devrait déjà nous venir de l'Indo-Chine, cette France d'Orient dont l'Exposition Coloniale nous a, sinon révélé, du moins permis d'admirer le merveilleux essor.

Il en est de même du *Patchouly*, du *Vetyvert*, que je n'ai pas vu figurer, sans doute pour une raison que j'ignore, dans la liste des « plantes à parfums », thème du rapport de M. de Belzunce.

Il me semble, pourtant, que, dans l'ensemble, un grand

nombre de nos cultures indigènes pourraient trouver, dans nos possessions, le sol et le climat favorables à leur développement. Or, beaucoup de ces cultures sont, ou bien insuffisamment étendues pour répondre aux besoins, ou bien encore totalement inconnues.

La *Verveine*, par exemple, dont la consommation augmente chaque jour en France, et dont il faudrait peu pour introduire l'usage dans les autres pays d'Europe, doit retenir l'attention de nos colons africains beaucoup plus qu'à l'heure actuelle.

La Tunisie trouve dans la *Marjolaine* une source de bénéfices importants, mais qui devront s'accroître de plus en plus, lorsque les commerçants auront appris, comme nous l'avons expliqué plus haut, pour les graines d'anis, à livrer des feuilles propres, débarrassées le plus possible de la terre et autres impuretés. (Ceci, soit dit en passant, s'applique généralement à tous nos produits coloniaux, dont la préparation a besoin d'être perfectionnée).

M. le professeur Perrot s'est fait l'actif propagandiste de la culture des *fleurs de Pyrèthre*. Je me bornerai donc à espérer que, dans un avenir aussi prochain que possible, la France produise assez de ces fleurs, non seulement pour suffire à ses besoins, mais encore pour en exporter.

Les espèces indigènes ou européennes qui me semblent propres à s'ajouter à notre richesse coloniale sont si nombreuses que je dois me contenter encore d'une brève énumération :

Je souhaiterais, en tant que commerçant, pouvoir trouver dans nos colonies diverses espèces de *Menthe*, des *Feuilles de Basilic*, des feuilles d'*Hysope*, d'*Estragon*, des fleurs de *Matricaire*, spécialité hongroise, des fleurs de *Carthame*, des fruits de *Sapindus*, jusqu'à des fleurs de *Tilleul*, dont la cueillette, si toutefois certaines de nos colonies ont des tilleuls dans leur flore, serait peut-être moins onéreuse qu'en France et dans les pays d'Europe.

La Grèce exporte d'énormes quantités de *Sauge*, et je me demande pourquoi la culture de cette plante robuste et peu exigeante est négligée dans notre Afrique du Nord.

Vous voudrez bien excuser, Messieurs, l'insuffisance de ces quelques notes hâtives. Si j'en ai accepté la rédaction, c'est surtout afin de ne pas me refuser à cette collaboration, que je crois très utile et féconde, entre le monde technique et les commerçants d'une même branche, collaboration qui doit entraîner une décentralisation toujours plus large.

Et les commerçants marseillais ont plus particulièrement à
cœur toute question d'importation coloniale, car Marseille a
une physionomie particulière comme ville de commerce. C'est
surtout un marché d'entrepôt, une foire permanente d'approvisionnement **mondial**.

Si l'on me permet une légère digression, qui n'est, d'ailleurs
pas étrangère à notre sujet, je dirai qu'il me semble que notre
grande cité devrait jouir, semble-t-il, de la part de l'Administration des Douanes d'un régime spécial, supprimant ou sim-
plifiant les **formalités** gênantes que l'on semble, au contraire,
s'ingénier à multiplier ou à compliquer chaque jour.

Si nous ne pouvons encore obtenir le port franc, rêve de plusieurs **générations**, du moins que notre situation douanière par
rapport à celle de nos concurrents Gênes, Trieste, Barcelone,
Anvers, Hambourg et j'en oublie, ne reste pas toujours aussi
défavorable. J'ai tenu à souligner dans cette assemblée, où les
questions commerciales peuvent n'être pas tout à fait fami-
lières, le fait que, même lorsqu'il s'agit de produits des colonies
françaises, de produits français par conséquent, il ne nous est
pas possible de transformer, même de trier ou de cribler la
marchandise pour satisfaire aux habitudes ou aux exigences
de **notre clientèle étrangère.**

Qu'un de nos acheteurs ait besoin, pour un assortiment,
d'une fraction de colis d'origine d'un certain produit payant
des droits de circulation ou de douane élevés, il nous est impossible de lui donner satisfaction et c'est un client que nous devons laisser aller à la concurrence étrangère, plus favorisée que
nous.

Ajoutez à cela les entraves de notre régime fiscal, les difficultés incessantes que les lois mal étudiées et appliquées sans
méthode, apportent à toutes nos opérations et vous jugerez
qu'il y a quelque chose à faire pour faciliter le commerce des
plantes médicinales et pour donner à Marseille la place à laquelle elle a droit.

SECTION VI. — **SUCRES ET DERIVES**

Communication présentée, au nom de la Société pour la Défense du Commerce et de l'Industrie, par M. Joseph GUERIN, membre de la Chambre Syndicale, sur les Sucres coloniaux :

MESSIEURS,

La question de la production du sucre est une de celles qui doivent tenir le plus de place dans l'étude des rapports de la France avec les Colonies.

La métropole doit, en effet, importer des sucres, sa production étant devenue insuffisante pour les besoins, soit de sa consommation intérieure, soit de son exportation.

La production de sucre de betterave en France, qui avait atteint en 1901-1902, 1.051.000 tonnes, pour revenir en 1913-1914 à 800.000 tonnes, est tombée, par suite des dévastations de territoires et des destructions d'usines dans la région du Nord pendant la dernière guerre, à 110.000 tonnes pour la campagne 1918-1919, et s'est élevée ensuite à 154.000 tonnes en 1919-1920, à 305.000 tonnes en 1920-1921, à 290.000 tonnes en 1921-1922.

Notre pays ayant besoin de plus de 600.000 tonnes pour sa consommation, et d'environ 150.000 tonnes pour ses exportations de sucre raffiné, il lui faut donc recourir largement à l'importation : 135.000 tonnes pendant la campagne 1913-1914, 322.000 tonnes pendant la campagne 1920-1921.

Il est naturel que, dans cette importation, une place privilégiée soit accordée aux Colonies françaises.

C'est ainsi que la surtaxe de douane sur les sucres étrangers ayant été portée à Fr. 50 les cent kilos, les sucres coloniaux sont admis en France en franchise. Cette franchise constitue une protection très importante, puisqu'elle représente environ 70 % de la valeur des sucres similaires sur le marché international.

Les sucres coloniaux français jouissent, en outre, à l'importation de détaxes de distance qui s'élèvent à Fr. 2,50 par cent kilos pour les sucres en provenance de la Réunion et à **Fr. 2,25**

par cent kilos pour ceux en provenance des Antilles françaises (Guadeloupe et Martinique).

Ces avantages considérables devraient avoir pour contre-
partie une contribution importante apportée par les colonies, à
l'approvisionnement en sucre de la Métropole.

Or, nous voyons par les statistiques que les trois colonies
ci-dessus, les seules produisant des quantités de sucre appréciables, ont donné :

La Réunion

37.000 tonnes en 1913/1914
40.000 » » 1920/1921
30.000 » » 1921/1922

Les Antilles (Guadeloupe et Martinique)

78.000 tonnes en 1914
50.000 » » 1920
40.000 » » 1921
40/45.000 » env. » 1922

Il en est résulté que la France a dû acheter à l'étranger, au
grand détriment de son change, de fortes quantités de sucre,
dont une partie, semble-t-il, aurait dû être fournie par les Colonies françaises.

Dans quelle mesure celles-ci pourraient-elles accroître leur
production ?

Il est difficile d'apprécier de quelle extension sont suscepti-
bles les cultures de canne actuelles. Il semble toutefois que,
sans nuire à d'autres produits intéressants, les superficies
cultivées en cannes pourraient être sensiblement augmentées.

Mais c'est d'abord dans l'amélioration des méthodes
actuelles d'exploitation qu'on doit rechercher un accroissement
de la production du sucre dans nos Colonies.

Alors que, dans d'autres pays producteurs, on est arrivé par
la sélection des variétés de cannes, par la préparation ration-
nelle du sol, l'emploi de fumures et d'engrais appropriés, et par
une lutte méthodique et persévérante contre les maladies cryptogamiques de la plante et les insectes nuisibles, à des
rendements de 50, 60, 80 et jusqu'à 120 tonnes de cannes à
l'hectare, les rendements aux Antilles, par exemple, ne
dépassent pas 20 à 30 tonnes de cannes à l'hectare dans la plupart des exploitations.

De même, au point de vue industriel, un outillage perfectionné, un contrôle chimique organisé d'après les méthodes scientifiques modernes, devraient se traduire par des rendements en sucre très supérieurs.

Il suffit de mentionner que dans la plupart des usines des Colonies françaises, les rendements ne dépassent pas, en moyenne, 7 à 8 % du poids de la canne, alors qu'ils atteignent 10 à 12 % dans les Antilles anglaises, Cuba et Java.

On peut donc désirer, dans, l'intérêt commun de la France et des Colonies, que celles-ci, profitant des importants privilèges dont leurs sucres bénéficient en France, fassent un effort sérieux en vue de tirer de leur sol l'intégralité des ressources que celui-ci leur offre.

Elles contribueront ainsi, autant qu'il est en leur pouvoir, à libérer notre pays de la dépendance dans laquelle il se trouve actuellement, vis-à-vis de l'étranger, pour son approvisionnement en sucre.

SECTION VII. — **CAOUTCHOUCS ET GOMMES**

Communication présentée, au nom de la Société pour la Défense du Commerce et de l'Industrie, par M. A. Bonniel, Membre de la Société, sur les Caoutchoucs coloniaux :

MESSIEURS,

Les besoins annuels de la France en caoutchouc brut se montent à 18 ou 20.000 tonnes ; ils sont appelés à progresser parallèlement à un développement inévitable de la consommation.

Ils sont actuellement assurés pour une partie, par notre production coloniale de la façon suivante *(chiffres de 1921) :* Congo, Sénégal et autres établissements français de la Côte Occidentale d'Afrique, pour les caoutchoucs sylvestres ou sauvages, 1.736 tonnes ; Indochine, pour les caoutchoucs de plantation, 2.743 ; et, pour le surplus, par l'importation de provenances étrangères : Brésil, pour les sortes « Para » ; colonies anglaises et hollandaises d'Extrême-Orient, pour les sortes « Plantation ».

Nous sommes donc nettement tributaires de l'étranger pour ce produit de première nécessité, bien que nous disposions de toutes les facilités voulues pour porter rapidement notre production au niveau de notre consommation.

Les chiffres statistiques ci-dessous fixeront les idées, quant à l'importance respective des trois principaux éléments entrant dans la consommation générale.

Exportations totales en :	1910	1920
Caoutchouc sylvestre ou sauvage	21.500 tonnes	8.100 tonnes
» de Para	40.800 »	30.800 »
» de plantation	8.200 »	304.800 »

Nous ne nous occuperons ici que de la dernière de ces catégories, qui a pris sur le marché mondial, une prépondérance souveraine.

Notre production coloniale en caoutchouc de plantation est entièrement localisée en Cochinchine.

La situation géographique de cette contrée, son climat, le régime de ses pluies, régulières de mai à novembre, suivies d'une saison sèche de six mois, qui forme obstacle aux végétations cryptogamiques, l'abondance d'une main-d'œuvre aussi adroite que docile, constituent un ensemble de conditions exceptionnellement favorables à la culture de « l'hévéa brasiliensis ».

Les communications sont assurées dans l'intérieur de la colonie, par un réseau routier très développé et parfaitement entretenu, ainsi que par la voie ferrée du Transindochinois, qui a ouvert de part en part la région des grandes forêts. L'acheminement de la production sur la Métropole est garantie par le service régulier de nos deux lignes maritimes.

Les terrains domaniaux, mis à la disposition de la colonisation, sont régis par l'arrêté très libéral du 27 décembre 1913.

L'introduction de l'hévéaculture en Cochinchine remonte pratiquement en 1907. Son développement s'est régulièrement poursuivi et 25.000 hectares sont aujourd'hui plantés d'environ 6 millions d'arbres.

Ce résultat, certainement modeste en regard de ceux qui ont été obtenus à Ceylan (300.000 acres (1) plantées), dans la péninsule Malaise (1.100.000 acres) et aux Indes Néerlandaises (700.000 acres), représente cependant un gros effort, si l'on considère qu'il est, en majeure partie, l'œuvre de nos colons et que les capitaux métropolitains ne paraissent pas être intervenus pour plus d'un quart dans les dépenses engagées.

Les événements qui se sont déroulés depuis 1914 et leur répercussion sur la situation économique générale ont frappé et frappent encore cette jeune industrie avec une telle rigueur qu'il est difficilement permis d'escompter, avant longtemps, une reprise appréciable de la coopération financière des éléments coloniaux privés.

Et cependant, plus de 2 millions d'hectares propices à cette culture sont encore disponibles et notre production, qui pourra atteindre à l'époque des pleins rendements 10 à 12.000 tonnes, sera bien loin de répondre à nos besoins.

C'est donc à la Métropole qu'il incomberait de reprendre en mains cette source latente de richesse que, dans l'intérêt national, elle doit et peut aisément mettre en valeur, maintenant que la rude mais profitable école de l'expérience lui a

____

(1) Une acre = 4.047 mètres carrés.

ouvert les voies, lui formant tout un cadre de compétences éprouvées.

De tous les produits du sol, le caoutchouc a certainement été le plus atteint. Du prix de 6 fr., pratiqué en janvier 1921, le « first latex » (caoutchouc de première qualité) est graduellement descendu au prix actuel de 3 fr. 30, le plus bas qu'on ait jamais enregistré ; ce prix est inférieur au prix de revient minimum qui puisse être atteint sur la meilleure plantation.

L'analyse des causes de cette crise persistante ne rentre pas dans le cadre de ce bref exposé et il suffira de dire qu'elle se prolongera et s'accusera peut-être davantage, tant que la Hollande, poursuivant une politique très personnelle, persistera à repousser les offres d'entente de l'Angleterre, en vue d'obtenir l'assainissement du marché par une restriction momentanée de la production.

Les effets de cette situation sont également ressentis par tous les producteurs, mais alors qu'en Angleterre, en Belgique et en Hollande, la haute finance s'est intéressée depuis longtemps au développement de l'hévéaculture et la soutient aujourd'hui de ses deniers pour lui permettre de surmonter les dures épreuves du moment, pendant que le gouvernement japonais, pour conserver intacte sa source d'alimentation d'un produit qu'il juge de première nécessité, soutient ses ressortissants aux Indes en leur achetant lui-même leur production à un prix rémunérateur, les planteurs de Cochinchine, ignorés de la finance française et, par conséquence, de tout le grand public des placements, ne disposant d'aucune organisation locale de prêts fonciers, sont réduits à leurs propres forces et ne doivent rechercher qu'en eux-mêmes les ressources qui leur sont indispensables, malgré la valeur indéniable du gage qu'ils sont en mesure de fournir.

Pour qui connaît un peu la situation actuelle en Cochinchine, il est superflu d'ajouter que ces ressources privées ont été fortement ébréchées par la lutte qui a pu être soutenue jusqu'ici et que la force de résistance de nos colons touche à son terme.

Si la France désire conserver l'indépendance pour son approvisionnement en un produit devenu aussi indispensable aux exigences de sa défense qu'au développement de sa vie économique, elle doit soutenir, par tous les moyens, l'œuvre de ses fils en Orient et leur apporter son concours actif et immédiat.

Dans cet ordre d'idées, M. Outrey, député de l'Indochine, a déposé sur le Bureau de la Chambre une proposition de loi visant l'établissement d'un droit d'entrée de 2 francs par kilo sur les gommes de provenance étrangère, dont l'adoption par le Parlement apporterait, en même temps qu'un appoint appréciable de recettes budgétaires, une précieuse et bien désirable amélioration de la situation de nos producteurs.

(Pour répondre par avance à une objection de principe, il doit être observé que le caoutchouc, tel qu'il est importé, a déjà subi un usinage important, qu'il ne constitue plus une matière première brute, mais bien un produit manufacturé et que sa dénomination courante de « caoutchouc brut » n'est admissible que par comparaison avec les produits finis livrés à la consommation. Exemple de similitude : le bois et la pâte de bois.)

En outre des difficultés générales issues de l'état du marché, notre industrie des plantations souffre d'une situation particulière à notre colonie, du fait de l'instabilité de la devise indochinoise.

Aux Etats Malais, la devise locale, le dollar de Singapore a été stabilisé depuis longtemps par rapport à la livre sterling. Les producteurs y sont donc particulièrement favorisés, le caoutchouc se négociant aux cours de Londres, c'est-à-dire sur la base de la livre sterling.

Aux Indes Néerlandaises, les Hollandais ont imposé l'usage de leur monnaie nationale. Les fluctuations de la livre sterling y exercent donc leur action sur la valeur du produit converti en florin, mais le fait que les dépenses et les recettes s'effectuent dans la même monnaie, constitue à lui seul un gros avantage.

En Cochinchine, par contre, la piastre n'a aucun rapport avec le franc. C'est un simple lingot d'argent, dont la valeur suit théoriquement les fluctuations du métal blanc, c'est-à-dire des cours de ce métal et de ceux de la livre sterling, qui est la monnaie dans laquelle ils sont exprimés, le tout sans préjudice de l'action d'influences locales.

Nos planteurs produisant en piastres, vendant en livre sterling et encaissant en francs, ne trouvent qu'une très faible relation entre la valeur de leurs dépenses et celle de leurs recettes et éprouvent, de ce fait, une gêne manifeste.

La piastre, dont le cours s'établissait entre 2 fr. 25 et 2 fr. 50, a subi des variations vraiment considérables qui l'ont portée jusqu'à 17 francs. Elle se tient actuellement aux environs de 6 fr. 50, et continue à subir des fluctuations importantes et surtout trop fréquentes.

L'industrie des plantations, ne disposant plus d'un fonds de roulement suffisant, ne peut assurer à l'avance et aux moments relativement favorables les besoins de sa trésorerie en devises locales ; elle doit se pourvoir au jour le jour, au fur et à mesure de ses rentrées et supporte ainsi le contre-coup de chaque hausse.

Cette question a déjà fait couler inutilement beaucoup d'encre : qu'il soit cependant permis d'ajouter une simple suggestion aux nombreuses solutions préconisées sans succès jusqu'ici.

Si la stabilisation de la piastre par rapport au franc présente des difficultés incontestables, celles-ci sont fort réduites pour la livre sterling, avec laquelle la piastre est intimement liée.

Un rapport fixe, sur la base de celui qui a été adopté pour le dollar de Singapore par exemple, serait établi entre la piastre et la livre sterling.

Le Gouvernement de l'Indo-Chine, qui se trouve abondamment pourvu de piastres du fait de ses recettes réalisées en devises locales, ouvrirait aux « planteurs », soit aux caisses du Trésor public, soit à celles de la Banque de l'Indochine, des crédits en piastres limités aux dépenses d'exploitation en Cochinchine, dont contre-valeur lui serait faite en remises sur Londres, au fur et à mesure des prélèvements effectués sur ces crédits.

Le Gouvernement colonial se constituerait ainsi une réserve d'or dont l'emploi ne lui manquerait vraisemblablement pas et il apporterait une amélioration très appréciable à la situation actuelle, sans que son budget paraisse devoir s'en ressentir.

Il s'agirait assurément là d'une mesure exceptionnelle, mais qui s'appliquerait à un cas non moins exceptionnel, lequel n'est pas le fait de l'industrie qu'il s'agit de soutenir, mais bien de cette conception anormale d'un système monétaire colonial faisant litière de tout rapport avec celui de sa métropole.

Le caoutchouc de plantation est maintenant présenté sous des formes parfaitement standarisées qui sont adoptées par le marché mondial et le producteur qui désire, tout en conservant son indépendance commerciale, réaliser le « top price » doit s'y conformer strictement.

Les premières expéditions de Cochinchine ont soulevé des critiques assez sévères, dues en partie à l'inexpérience inhérente à tous les débuts et principalement à un manque d'outillage auquel les planteurs ne pouvaient remédier pendant la guerre.

Cette situation s'est depuis complètement modifiée, les « estates » ont été pourvus de tout le matériel mécanique nécessaire, les plus grands soins sont apportés à la récolte et à la fabrication, si bien que les sortes « Cochinchine » se négocient aujourd'hui sur le marché de Singapore, sans mention d'origine spéciale, confondues avec la production indienne.

Les manufacturiers français se sont d'ailleurs rangés à cette appréciation ; non seulement ils ne leur imposent plus de cotations particulières, mais l'une de nos plus importantes firmes leur alloue même, sur les cours du standard à Londres, une prime de 0 fr. 20 par kilo.

L'introduction de la production coloniale dans l'alimentation du marché français est de date trop récente pour que sa négociation soit l'objet d'une réglementation consacrée par l'usage.

Les transactions ont lieu de gré à gré et les conditions en sont discutées pour chaque opération. Cependant, sauf convention spéciale, les marchés sont toujours conclus aux cours de la matière à Londres.

Les manufacturiers s'approvisionnent ordinairement par l'entremise de courtiers ; certains d'entre eux, généralement les plus importants, s'adressent directement à la production.

Une « auction » organisée à la Bourse de Commerce de Paris, fonctionne mensuellement depuis le début de cette année. Cette création est de date trop récente pour qu'elle justifie une appréciation qualifiée, mais elle constitue assurément une initiative intéressante.

A ce propos et du jour où notre production coloniale pourra approximativement suffire à nos besoins, il n'est pas douteux que le vrai siège d'une « auction » devra être Marseille et non Paris, notre port étant alors appelé à recevoir la presque intégralité de nos importations et la consommation se répartissant de plus en plus sur tous les points de notre territoire.

Peut-être serait-il bon, de la part des organisations commerciales de notre ville, de ne pas attendre le dernier moment pour prendre position.

A l'ancien emballage en caisses a été substitué en partie,

depuis l'intensification de la crise, un emballage sous nattes de jonc, cerclé de fers feuillards, qui donne un bon résultat et permet de réaliser une très sensible économie d'environ 0 fr. 15 par kilo.

Cet emballage est plus ou moins critiqué par certains manufacturiers qui l'accusent de manquer de solidité et d'isoler insuffisamment la marchandise, au double point de vue de la pression subie dans les cales des navires et des contacts avec des corps étrangers.

L'expérience a cependant prouvé que les nattes résistent bien mieux que les caisses, qui supportent difficilement les manipulations de bord. Une protection efficace contre la désagrégation et le collage des joncs sur la gomme est facilement obtenue par un enveloppement de papier sulfurisé et les inconvénients de la pression subie en cale ne sont pas sensibles pour la marchandise bien fabriquée et emballée parfaitement sèche.

Il serait à désirer que la manufacture se montre moins exigeante et prenne davantage en considération une situation difficile dont elle est la seule à bénéficier.

Le fret Saïgon-Marseille, calculé à 100 francs le mètre cube, ressort à 180 francs la tonne pour emballage sous nattes et à 240 francs pour emballage en caisses.

C'est donc un autre supplément de dépenses de 0 fr. 06 par kilo, qu'entraînerait la reprise de l'emballage en caisses, soit au total 0 fr. 20 à 0 fr. 25, suivant les plantations. Vu les prix actuels de la matière, ce chiffre représente une augmentation trop considérable des prix de revient pour qu'il n'en soit tenu compte.

Le tarif du fret appliqué est trop élevé pour une marchandise qui ne peut plus, comme jadis, être cataloguée parmi les « produits riches » et qui est, en outre, particulièrement avantageuse par sa haute densité (2 mètres cubes à la tonne) et ses grandes facilités d'arrimage. Il ne paraît pouvoir être maintenu que par le bénéfice du monopole de fait dont jouissent nos deux lignes maritimes d'Extrême-Orient.

Depuis l'année dernière, les plantations de Cochinchine, poussées par la nécessité de jour en jour plus impérieuse d'obtenir des règlements rapides et de réduire leurs dépenses de fret, dérivent une partie de leur production sur le marché de Singapore, où elles trouvent, avec les avantages qu'elles recherchent, un accueil des plus empressés (905 tonnes en 1921).

L'acceptation par l'Industrie française d'un paiement comptant, difficilement accordé, bien qu'elle doive le subir pour ses achats à l'étranger et l'application d'une tarification plus raisonnable par nos compagnies maritimes, contrarieraient assurément le courant d'affaires qui se développe à notre détriment en faveur du marché de Singapore.

———

Communication présentée, au nom de la Société pour la Défense du Commerce et de l'Industrie, par M. P. BIS-CARRAT, membre de la Société, sur les Gommes :

MESSIEURS,

Les considérations qui vont suivre, concernant les gommes et le commerce auquel elles donnent lieu, n'ont pas la prétention de constituer un rapport complet sur une question que des confrères plus compétents pourraient certainement traiter d'une façon plus détaillée. Je n'apporte ici, à vrai dire, que des éléments d'information, mais tels que je les présente, je souhaite qu'ils soient de nature à contribuer utilement à vos travaux.

GOMMES ARABIQUES. — Sous cette rubrique, on désigne communément les gommes provenant de « l'acacia verek », qui croît dans les pays du Nil, au Soudan Egyptien, comme dans notre belle colonie du Sénégal, et qui sont employées en confiserie, produits pharmaceutiques, apprêts et autres industries.

Ces gommes, selon les contrées du Soudan Egyptien ou du Sénégal, ont, sous des aspects différents, des qualités à peu près identiques et toutes ont les mêmes emplois dans les industries citées ci-dessus.

Les gommes du Soudan Egyptien se divisent en trois catégories : gomme du Kordofan, gomme de Gédaref, gomme de Gésireh.

Les gommes du Kordofan et de Gédaref sont en majeure partie récoltées dans les forêts d'acacias verek exploitées par les indigènes.

Les acacias du Kordofan croissent sur un sol sablonneux, rougeâtre et ferrugineux ; ceux de Gédaref, sur les couches d'humus des terrains d'alluvion du Nil, d'où une différence d'aspect, tandis que la gomme du Gésireh est recueillie sur des arbres poussant à l'état sauvage où la substance exsude spontanément. Cette dernière qualité est la moins belle.

Or, les gommes arabiques du Sénégal fournissent les mêmes qualités, sous des noms différents empruntés aux régions de Podor-Dagana, Galam et Tombouctou, c'est-à-dire des gommes dites dures, demi-dures et tendres, puisqu'aux Kordofan dures, nous opposons les « Podor Dagana » dures, aux Gédaref demi-dures, les « Louga » et « Kaedi », et aux Gesireh tendres et friables, les « Galam » et les « Tombouctou », ces gommes ayant les mêmes propriétés.

Donc, pour la variété des gommes dites arabiques, nous trouvons dans notre grande colonie toutes les qualités correspondantes aux gommes du Soudan Egyptien, la contrée du monde la plus productive d'arabiques.

C'est un point à retenir.

Mais le Soudan Egyptien livre au commerce une autre gomme produite par une autre variété d'acacia dénommé Seyal, et cette gomme fait partie du groupe dit « gomme Thala ».

Les gommes Thala sont plus particulièrement employées dans le collage et apprêts, et sont impropres à la confiserie. Elles trouvent, néanmoins, de très grands emplois dans l'industrie.

A ces gommes Thala du Soudan égyptien correspond au Sénégal le groupe des gommes dites « Salabreida », qui ont les mêmes propriétés et arrivent, d'ailleurs, en France en assez grandes quantités.

La Métropole trouve donc au Sénégal toutes les variétés que nous trouvons au Soudan Egyptien, qui est le grand marché alimentant le monde entier et fournit à la France le surplus nécessaire aux besoins de son industrie et de son commerce d'exportation, soit de 3 à 3.500 tonnes annuellement.

En 1917, en pleine guerre, la France en a importé davantage du Soudan égyptien, soit environ 5.600 tonnes, parce que les importations du Sénégal, cette année-là, durent être réduites ; mais, antérieurement à 1914, l'importation annuelle du Soudan Egyptien ne dépassait pas 3.300 tonnes.

On peut estimer à 7.000 tonnes les besoins de la France ; or, le Sénégal lui en fournit environ 3.000 (la quantité exportée s'est même élevée, une année, à 4.000), et la France ne compte, pour la gomme de cette provenance que trois ou quatre importateurs à Bordeaux et une seule compagnie française, très estimée, à Marseille.

Pourquoi cette pénurie d'importateurs ?

Répondre à cette interrogation serait aborder un ordre de

question qu'il ne nous appartient pas de discuter ici. Nous nous bornerons à indiquer que les cours des gommes du Sénégal s'établissent sur ceux pratiqués au Soudan Egyptien qui donne le ton et l'a toujours donné jusqu'à présent et que ces cours sont toujours imposés, au début, par la spéculation qui désoriente le marché et rend difficile et délicate l'intervention des maisons françaises d'importation.

Le Sénégal peut-il fournir plus de 3.000 tonnes ? C'est probable, car il y a de la gomme au Sénégal proprement dit, il y en a dans le Haut-Sénégal, en Mauritanie, dans la zone qui s'avance vers le centre de l'Afrique jusqu'à Tombouctou et au delà, et il ne faudrait pas s'étonner d'apprendre un jour que des caravanes parties des régions les plus reculées de nos possessions africaines pénètrent dans le Kordofan, soit dans le Soudan égyptien et y portent des gommes qui arrivent ensuite sur les marchés égyptiens.

Et par quels moyens, l'Etat français pourra-t-il empêcher cette infiltration ?

Le Gouvernement Egyptien a toujours facilité l'afflux de la gomme du vaste Kordofan vers Khartoum et El Obeid et le Soudan est arrivé à produire au delà de 19.000 tonnes en 1912 (année exceptionnelle), 15.000 en 1913, 12.000 en 1914, 11.500 en 1915, 13.500 en 1916, 16.000 en 1917 et 1918, 15.500 en 1919 et seulement 11.500 en 1920, 9.300 en 1921, 2 années de disette par suite de la saison des pluies arrivant en pleine traite et arrêtant l'exsudation de la gomme.

Or, dans ces deux dernières années de faible récolte au Soudan Egyptien, la France n'a importé que 1.300 tonnes de gomme en 1920 et seulement 659 en 1921 et si le Sénégal a presque suffi à ses besoins, c'est parce que notre pays a subi une crise industrielle dont il se relève à peine ; mais si l'on arrivait à importer 6 à 7.000 tonnes du Sénégal, la Métropole en aurait assez pour ses besoins et dirigerait son activité au Soudan Egyptien pour son commerce d'exportation à l'étranger.

Il convient de signaler aussi que la Grande-Bretagne et bientôt des maisons allemandes de Hambourg qui auront des dépôts à Anvers nous enlèveront notre clientèle industrielle du Nord et de l'Est de la France, notamment d'Alsace-Lorraine ainsi que celle de la Suisse, parce que le transport de la gomme d'Egypte à Marseille coûte presque aussi cher que le transport d'Egypte à Londres ou Anvers et que les expéditions d'Anvers sur l'Alsace-Lorraine et la Suisse sont meilleur marché que de Marseille sur ces contrées.

Il y aurait donc lieu d'envisager l'adoption de mesures propres à remédier à ce préjudiciable état de choses, telles que l'augmentation de la surtaxe de pavillon ou, mieux encore, l'exonération du droit frappant les gommes du Sénégal à leur entrée dans les ports de la Métropole et un abaissement des tarifs de transport par voie ferrée.

En effet, prenons un exemple :

Le fret d'Egypte à Marseille est de 19 fr. à 20 fr. par 100 kilos tandis qu'il n'est que de 21 fr. 50 à 22 fr. 50 d'Egypte sur Anvers ou Londres.

Or, les frais de transport de la gomme par fer d'Anvers à Strasbourg ne sont que de 9 fr. 20 par wagon de 5000 kilogs et de Marseille à Strasbourg 24 fr. 45.

Donc, en faveur d'Anvers, 24.45 — 9.20 = 15.25. Il est vrai qu'un droit de pavillon de 3,60 et un excédent de fret de 2,50 augmentent le prix de revient de la gomme en provenance du port d'Anvers, mais Marseille, qui paie un transport par fer de 15,25 plus élevé que Strasbourg demeurera handicapé par 3,60 + 2,50 = 6,10 soit 15,25 — 6,10 = 9,15.

GOMMES DAMAR ET COPAL. — Nous ne dirons rien des gommes Damar de Batavia ou de Singapore, nos colonies n'en produisant pas, mais nous appellerons l'attention du Congrès sur l'exportation délaissée de la gomme copal de Madagascar.

De temps à autre, quelques lots arrivent de cette colonie, sur notre marché, mais de faible importance. Nous ignorons les raisons de cette situation.

Les forêts résineuses ne manquent cependant pas à Madagascar.

Cette gomme est produite par « l'hymenca verrucosa » et se vend, dit-on, sur la côte d'Afrique d'où elle est portée à Bombay et à Calcutta. Pourquoi ne serait-elle pas apportée en France où elle rendrait de grands services à nos fabricants de vernis qui la recherchent pour les vernis gras ?

Le copal de Madagascar est transparent et tellement dur qu'on a de la peine à l'entamer à la pointe du couteau, mais il se ramollit au feu et acquiert alors une certaine élasticité, ne fond qu'à une haute température et répand une odeur aromatique.

Il est d'un jaune foncé, de surface lisse et sa cassure est vitreuse.

Des fabricants de vernis le reconnaîtraient à cette description, qu'il leur vienne de Calcutta, de Bombay ou plus probablement de Londres ou de Liverpool, mais rarement de Marseille.

Ces gommes devraient être non seulement exonérées de la taxe, mais leur exportation de la colonie sur les pays étrangers interdite ou frappée de droits à la sortie de la colonie, quand ces gommes vont sur l'étranger.

GOMME GUTTE. — Nous ferons les mêmes réflexions au sujet de cette gomme, produite par le « Stalagmitis » de Cochinchine et du Cambodge, qui s'en va sur les marchés des Indes au lieu de venir directement en France.

GOMME SANDARAQUE. — Quant à la gomme Sandaraque, originaire du Maroc, nous ne pourrions émettre la prétention d'en interdire l'exportation au dehors puisque cette gomme n'est produite sur aucun autre point du globe, mais nous pourrions émettre le désir qu'elle soit, à son entrée en France, comme matière première, exonérée de la taxe.

GOMMES LAQUES. — Elles proviennent des Indes anglaises ; nous savons tous que l'Indo-Chine produit aussi de la laque dont le commerce et l'industrie doivent être sauvegardés.

Les laques fondues en Indo-Chine et livrées à la Métropole en feuilles ou plaquettes valent autant que celles des Indes anglaises avec pourtant un degré de fusion inférieur à ces dernières et arrivent à cause de cette infériorité plus souvent massées en France que les laques des Indes.

Il serait donc juste que ces laques en feuilles ou plaquettes, qui sont le produit d'une industrie, soient exonérées de la taxe à leur entrée en France, de même que les sticklacks et les seedlacks qui sont des matières premières venant de nos colonies dont elles sont originaires.

Quant aux autres qualités : adragantes de Perse, d'Anatolie ou de Syrie, adragantes des Indes Anglaises, accroide d'Australie, gomme mastic de Chio, copal des Indes Néerlandaises, etc.., qui ne sont pas produites dans nos colonies, nous croyons inutile d'en parler.

SECTION X. — **ELEVAGE**

Communication extraite d'une lettre de M. Paul GROS, Président du Syndicat du Commerce des Laines, Membre de la Société pour la Défense du Commerce et de l'Industrie, et présentée, au nom de notre Société, sur les Laines :

« ... Ce qu'il y a de certain, c'est que, par suite des questions de change et de concurrence étrangère, nous aurions de plus en plus besoin de trouver des matières premières dans nos colonies et que nous voyons le cheptel ovin en Tunisie, Algérie et Maroc en décroissance continue depuis 1914. Cette diminution ne vient que de l'importance, chaque jour plus grande, de l'exportation des moutons. Le seul remède serait l'interdiction absolue de l'exportation des brebis. Des décrets ont été promulgués à ce sujet, mais ils n'ont jamais été, je crois, appliqués sérieusement.

Les laines de Tunisie, d'Algérie et du Maroc ont des qualités spéciales qui font qu'elles sont payées en lavé par la fabrique et surtout par la matelasserie à prix aussi élevés que les laines de l'Amérique du Sud de la même finesse. Il serait donc, à mon avis, inutile de chercher à modifier la race indigène, robuste et bien acclimatée, par des croisements avec des béliers de France ou d'Australie. Tous les essais déjà faits n'ont donné aucun résultat pratique ; mais l'on pourrait largement améliorer la race indigène par une sélection judicieuse faite dans les béliers de cette race. On obtiendrait ainsi un meilleur rendement en viande et une plus forte quantité en laine.

« La haute vallée du Niger semblerait se prêter à l'élevage, mais la laine des moutons indigènes est d'une qualité si inférieure qu'elle ne supporte que difficilement les frais élevés de transport. La grande chaleur provoque dans ces régions des sécheresses locales qui forcent les troupeaux à être très nomades et à supporter, par suite, des fatigues auxquelles ne peuvent résister que les races indigènes. C'est dans l'amélioration de ces races, par des croisements avec béliers de notre Sud Algérien, qu'on pourrait arriver à obtenir un produit rémunérateur pour l'éleveur.

« Quant aux questions d'emballage, de fraude, de fret, etc...,
tout a été déjà dit, je crois, à ce sujet.

« En résumé, il y aurait lieu, notamment :

« 1° D'arrêter la diminution du cheptel ovin de l'Afrique du
Nord et du Maroc par l'interdiction absolue de l'exportation
des brebis ;

« 2° De rechercher l'amélioration de la laine par la sélection
des béliers reproducteurs, pris *exclusivement dans les races
indigènes ;*

« 3° De poursuivre rigoureusement la fraude pratiquée par
les Arabes. »

. . . .

Pour copie conforme :

*Le Président
de la Société pour la Défense du Commerce
et de l'Industrie,*

Antoine BOUDE.

Marseille. — Imprimerie du *Sémaphore*, BARLATIER, rue Venture, 17-19.

9 782329 202976